8°S 8962.

MANUEL ABRÉGÉ

THÉORIQUE ET PRATIQUE

D'AGRICULTURE

À L'USAGE

DES CULTIVATEURS & INSTITUTEURS DU DOUBS

ET DES DÉPARTEMENTS VOISINS

PAR

PH. FAUCOMPRÉ

ANCIEN ÉLÈVE DE L'ÉCOLE D'AGRICULTURE DE LA SAULSAIE

PROFESSEUR DÉPARTEMENTAL D'AGRICULTURE DU DOUBS

OFFICIER D'ACADÉMIE

BESANÇON

EN VENTE CHEZ L'AUTEUR

86, Grande-Rue, 86

—

Prix : **1 fr. 40** ; *franco*, **1 fr. 60**

MANUEL ABRÉGÉ

THÉORIQUE ET PRATIQUE

D'AGRICULTURE

8° S
8962

MANUEL ABRÉGÉ

THÉORIQUE ET PRATIQUE

D'AGRICULTURE

A L'USAGE

DES CULTIVATEURS & INSTITUTEURS DU DOUBS

ET DES DÉPARTEMENTS VOISINS

PAR

PH. FAUCOMPRÉ

ANCIEN ÉLÈVE DE L'ÉCOLE D'AGRICULTURE DE LA SAULSAIÉ

PROFESSEUR DÉPARTEMENTAL D'AGRICULTURE DU DOUBS

OFFICIER D'ACADÉMIE

SAINT-VIT (DOUBS)

Imprimerie TRANCHART

—

1895

BIBLIOTHÈQUE NATIONALE R.F.

ERRATUM

—

Page 61, avant-dernier alinéa, dernière ligne, au lieu de :
il faut *augmenter* le nitrate, lire : il faut *diminuer* le nitrate.

Nous prions encore le lecteur de vouloir bien faire les corrections suivantes :

Page 12, ligne 10, au lieu de : pour *fournir*, lisez : pour *former*.

Page 64, ligne 2, au lieu de : *il* est très limité, lisez : *le choix* est très limité.

Page 64, ligne 19, au lieu de : *la race*, lisez : *la variété*.

Page 89, ligne 29, au lieu de : *la terre-noire*, lisez : *la noix-de-terre*.

AVANT-PROPOS

Le blé est la principale des cultures françaises. Il occupe, en effet, 7 millions d'hectares sur 25 millions cultivés et produit chaque année 110 millions d'hectolitres, soit en moyenne 15 hect. 5 à l'hectare. Vers 1830, cette moyenne n'était que de 12 hectolitres. Malgré les progrès faits par cette culture, le rendement actuel est bien inférieur à celui qu'obtiennent certains peuples du Nord. L'Angleterre produit, en effet, 27 hectolitres, la Belgique 25, etc. Nous pouvons donc espérer nous affranchir de l'appoint de 15 millions d'hectolitres que nous fournissent les nations étrangères pour équilibrer notre production et nos besoins.

L'importance de la culture du blé en France explique l'intensité de la crise amenée par l'énorme baisse qu'a subie, depuis quelques années, la valeur de cette céréale.

Pour bien faire comprendre à nos cultivateurs la gravité de la situation et bannir de leur esprit une chimérique espérance de relèvement des cours, il est nécessaire de jeter un coup d'œil rapide sur la culture du blé dans les principaux pays producteurs du monde.

Les Etats-Unis d'Amérique arrivent en tête de ceux-ci avec une récolte annuelle de 150 millions d'hecto-litres sur lesquels 40 au moins sont exportés.

Le développement de la culture du blé aux Etats-Unis tient du prodige. De 1850 à 1880, la surface ensemencée en blé a passé de 3 à 15 millions d'hec-tares, la production totale de 36 à 150 millions d'hec-tolitres.

La terre ne coûte presque rien ; sans engrais, elle peut donner un certain nombre de récoltes, et la main d'œuvre d'ailleurs fort chère, est remplacée autant que possible par des machines.

Quand le sol est épuisé, on l'abandonne et on défriche de nouvelles terres. En 1880, il restait encore 47 p. o/o de la surface à défricher. Depuis cette époque la culture ne s'est pas étendue.

Le prix du blé a peu varié dans les vingt dernières années ; on l'estimait à la ferme, 10 fr. 26 l'hectolitre en 1859 et 9 fr. 70 en 1887. Aujourd'hui 'ces prix ont dû s'abaisser encore, car le quintal ne vaut guère que 10 francs, rendu à New-Yorck et 11 francs à Anvers et dans les ports européens. S'il se vend 18 francs en France, c'est grâce au droit de douane de 7 francs, sans lequel le désastre serait sans remède.

Je pourrais raconter de même les immenses progrès faits par la culture du blé dans les Indes, où elle occupe 12 millions d'hectares en attendant, dit M. Sagnier, qu'elle arrive à 25, en Australie, dans la République Argentine, en Russie, etc. ; mais il y a déjà assez de la concurrence des Etats-Unis pour nous faire réfléchir. Si l'on songe que le blé cultivé sans engrais, sans soins, y rapporte 10 hectolitres à l'hectare, on se demande quelle masse immense ce pays pourra en jeter sur le marché, quand le plan d'améliorations culturales, poursuivi par le gouvernement, aura produit son plein d'effet.

Nul doute que là, comme partout ailleurs, l'augmentation du rendement n'abaisse le prix de revient de l'hectolitre de blé « et qu'elle ne permette aux cul- « tivateurs du Nouveau-Monde, de nous offrir à des prix « plus bas encore qu'aujourd'hui, les céréales que nous « n'aurons pas su produire et qu'il nous faudra aller « leur demander. » (GRANDEAU, *Etudes agronomiques*, 4ᵐᵉ série.)

Il ne semble pas qu'il y ait lieu de compter avant longtemps sur les cours d'autrefois. Une baisse nouvelle d'ici à dix ans paraîtrait plutôt à craindre.

Tout d'abord ne nous abandonnons pas au découragement. S'il est certain que le blé est aujourd'hui une culture ruineuse quand il ne donne que 15 hectolitres, il n'en est pas moins sûr qu'il serait encore une source de bénéfices, s'il en produisait 25 à 30. Tel est le résultat prouvé par les champs de démonstration.

Abandonnons donc résolument en principe notre système de culture, où il y a trop de céréales pour faire du bénéfice, même avec le prix de 20 francs l'hectolitre ; ce serait une folie de vouloir le conserver.

Peu à peu, et selon les ressources dont chacun peut disposer, réduisons nos semailles de grains et créons à leur place des prairies artificielles ou naturelles temporaires.

La viande et les produits animaux ont conservé leur valeur et ils la conserveront tant que nous n'en produirons pas assez pour la consommation du pays.

Nous aurons là une source assurée de bénéfices, en même temps que nous accroîtrons la production du fumier et la récolte des céréales ; par une bonne culture, les semis en lignes, les engrais chimiques, nous pouvons, tout en semant moins, en récolter tout autant.

Instruits par l'expérience, il sera prudent de fermer nos portes aux animaux vivants ou morts des pays étrangers, qui commençent à se montrer sur nos marchés. (1)

L'objectif du cultivateur est donc tout tracé, il consiste en :

1º Réduction des céréales tout en les cultivant avec plus de soin ;

2º Création progressive des prairies de toutes natures ;

3º Augmentation des fourrages annuels et des racines ;

4º Culture intensive du peu de terres arables conservées ; emploi des engrais chimiques, des semences de choix, d'un outillage perfectionné, semailles en lignes, binage des céréales ;

5º Remplacement de l'assolement triennal par le système alterne, toutes les fois que la situation et les chemins le permettront.

C'est pour aider les cultivateurs dans cette transformation radicale que j'ai rédigé ce *Manuel*. Tous les métiers s'apprennent par principes, pourquoi le plus beau, le plus noble de tous ferait-il exception ?

Les cultivateurs de notre région n'ont eu jusqu'ici pour guide que la coutume locale, disons plutôt la routine.

Ils sont habitués à se fier à celle-ci qui leur tient lieu de tout raisonnement.

---

(1) Au moment de mettre sous presse, nous apprenons que cette mesure a été prise par M. le Ministre de l'Agriculture.

« Pourquoi faites-vous ainsi, demande-t-on parfois aux
» cultivateurs, il semble cependant qu'il vaudrait mieux
» agir de telle manière ? — « Peut-être bien, répondent-ils,
» mais ce n'est pas l'habitude chez nous. »

Or, savez-vous où on en arrive en faisant comme l'on a
toujours fait avant vous ? — à cultiver aujourd'hui comme
il y a cent ans ; c'est le cas de bon nombre de cultivateurs.

L'une des raisons pour lesquelles les travailleurs des
champs n'aiment guère la lecture, c'est qu'il y a fort
peu de livres écrits pour eux, pour leur pays. Ainsi je n'en
connais pas, pour notre région, depuis le *Manuel populaire
d'agriculture* du docteur Bonnet, imprimé en 1835. Je ne
veux point médire de cette œuvre de l'un de mes prédéces-
seurs, mais elle a terriblement vieilli et l'on aurait quelque
peine à en retrouver seulement vingt exemplaires dans
notre département.

J'ai donc pensé être utile à nos cultivateurs en leur
offrant ce *Manuel* écrit spécialement pour eux. Je n'ai pas
voulu faire un traité complet et volumineux, forcément
cher et dans lequel les lecteurs se seraient perdus. Je
me suis borné à traiter les questions essentielles, en laissant de côté les détails. Je me suis efforcé d'être bref,
clair et de n'employer en fait de termes scientifiques, que
l'indispensable. Il est impossible maintenant de faire de
l'agriculture rationnelle sans posséder quelques connaissances en chimie, aussi les notions des sciences physiques et naturelles appliquées à l'agriculture, font-elles
partie du programme des écoles primaires. Un inspecteur
de l'enseignement primaire, M. René Leblanc, a écrit sous
ce titre (1) le meilleur livre qui puisse servir d'introduc-

---

(1) *Notions des sciences physiques et naturelles appliquées à l'agriculture*, par René Leblanc, chez André fils, 15, rue Séguier, Paris, prix : 1 fr.

tion à des leçons d'agriculture. Nous en recommandons la lecture à tous ceux qui veulent comprendre bien des questions agricoles.

Notre livre s'adresse aussi aux instituteurs pour lesquels on a écrit une foule de manuels d'agriculture ; mais ces ouvrages, dont quelques-uns sont très bien faits, ont le défaut de s'appliquer aussi bien au Finistère qu'au Doubs et l'on n'y trouve pas les mauvaises habitudes locales à corriger, ni les améliorations à recommander dans le pays.

Que l'on ne s'y trompe pas, l'instituteur est le seul qui puisse sortir nos cultivateurs de l'ignorance professionnelle où beaucoup sont plongés. Les écoles d'agriculture sont excellentes, mais elles n'offrent guère qu'une place pour 10 000 jeunes gens : c'est peu !

L'instituteur n'a pas à montrer aux enfants la pratique qu'ils connaîtront mieux que lui, mais, seul il peut leur enseigner les principes de l'agriculture. A ce titre, il a droit à toutes nos sympathies et nous nous efforcerons de lui faciliter sa tâche, de même qu'il prête souvent assistance au professeur d'agriculture.

Je dédie ce travail à la Société d'agriculture du Doubs dont je fais partie depuis 1865, et à son distingué et zélé président, M. A. Gauthier, avec lequel j'ai fait plus d'une campagne en faveur des progrès de l'agriculture ; puisse cette œuvre modeste l'aider dans sa mission toute de travail et de désintéressement.

En terminant, je voudrais faire passer dans l'esprit du lecteur la conviction profonde qui m'anime et qui se résume ainsi : Malgré toutes les difficultés dans lesquelles elle se débat, l'agriculture est encore un bon métier et celui qui l'exerce avec intelligence, savoir et capital en rapport avec l'importance de l'exploitation est sûr de s'en tirer avec profit. Courage donc, cultivateurs comtois, et votre indomptable énergie, votre labeur opiniâtre triompheront de cette crise. Mon vœu le plus cher est que ce livre vous guide et vous soutienne dans cette lutte pour la vie : n'y voyez pas seulement l'œuvre du professeur, mais celle d'un ami qui sera aussi heureux de voir votre succès que fier d'y avoir contribué.

Besançon, 1895.

MANUEL ABRÉGÉ THÉORIQUE ET PRATIQUE

D'AGRICULTURE

CHAPITRE Ier

LA PLANTE. — NUTRITION. — COMPOSITION.

LA PLANTE

L'agriculture a pour but la production économique des plantes utiles à l'homme.

Tous les corps de la nature ont été divisés en trois grands groupes :

      1° LES ANIMAUX *(êtres vivants)*.

      2° LES VÉGÉTAUX *(êtres vivants)*.

      3° LES MINÉRAUX *(corps bruts)*.

Le végétal est donc un être vivant au même titre que l'animal ; tous deux en effet ont deux fonctions communes : *la nutrition, la reproduction.*

La plante se distingue de l'animal en ce qu'elle n'a ni la *sensibilité* ni le mouvement volontaire. Les êtres vivants sont le siège d'un mouvement incessant qui caractérise la vie. Ils accomplissent certains actes que l'on nomme fonctions, au moyen d'*organes* ou appareils spéciaux.

De là le nom d'êtres organisés qu'on leur donne également.

Les corps bruts n'ont aucune fonction à accomplir, on les nomme corps inorganiques ou minéraux.

De là les noms de *matières organiques* et *inorganiques* qui reviendront souvent dans ces notions et qui se définissent d'elles-mêmes.

NUTRITION DES VÉGÉTAUX

Il est indispensable que le cultivateur connaisse les fonctions des êtres qu'il produit.

La nutrition est celle par laquelle la plante puise dans les milieux où elle se trouve, les matières nécessaires à sa formation et à son accroissement.

Ainsi la plante se nourrit dans le sol *par les racines* et dans l'air *par les feuilles*.

RACINE ET ABSORPTION DES ENGRAIS

La racine est pivotante (betterave, luzerne, chêne), ou traçante (blé, orge, graminées des prairies).

Le corps de la racine porte de nombreuses ramifications (radicelles) ; celles-ci sont munies vers leurs extrémités, de poils dits *radicaux* qui sont le siège de l'absorption.

Les racines et radicelles s'enfoncent beaucoup plus qu'on ne le croit généralement, ainsi qu'on peut le voir par les chiffres suivants, obtenus par les ingénieuses et patientes recherches de M. Müntz [1] :

	Blé	Avoine	Herbe de prairies	Trèfle	Luzerne
1re couche de 0,25	921 k.	1 120 k.	2 705 k.	149 k.	221 k.
2e — id.	292	178	120	425	56
3e — id.	248	230	70	230	92
4e — id.	101	113	46	108	75
5e — id.	110	11	2	35	212
6e — id.	»	»	»	»	113

[1] M. Müntz est un chimiste distingué, professeur à l'Institut agronomique.

Ces chiffres donnent les poids des radicelles à l'hectare, pour différentes plantes. Ils fournissent de précieuses indications aux cultivateurs.

Les éléments nutritifs sont absorbés même à l'état insolubles par les poils radicaux pourvu qu'ils arrivent au contact de ces derniers.

De là l'utilité d'une grande division pour les engrais, et d'un mélange intime à toute la masse du sol où se trouvent réparties les radicelles.

CE QUE LA PLANTE PREND DANS L'AIR

L'air est un mélange de deux gaz, l'oxygène et l'azote ; il contient en outre, 3 litres sur 10 000, d'un gaz appelé acide carbonique et quelques traces d'ammoniaque [1].

L'acide carbonique est formé d'*oxygène* et de *charbon*.

Le charbon forme environ 1/2 du poids de la plante.

C'est la feuille qui absorbe le gaz carbonique, le décompose et garde le charbon en renvoyant dans l'air l'oxygène sans lequel il deviendrait irrespirable pour les animaux.

Telle est la fonction que l'on nomme chlorophylienne des feuilles.

RESPIRATION DES PLANTES

Cette fonction ne s'exerce que pendant le jour, c'est-à-dire à la lumière. Toutes les plantes respirent à la manière des animaux, c'est-à-dire en absorbant l'oxygène de l'air et en renvoyant l'acide carbonique.

Chaque partie de la plante respire et a besoin d'oxygène ; aussi il ne faut pas planter les arbres, la vigne trop profondément, ou bien les racines périssent faute d'air.

TRANSPIRATION DES FEUILLES

Les feuilles sont le siège d'une évaporation constante, aussi la plante a-t-elle besoin de grandes quantités d'eau

---

(1) L'ammoniaque est une base formée de deux gaz, hydrogène et azote.

que le sol ne peut pas toujours lui fournir. On a calculé qu'un kilogramme de matière sèche du blé demande une consommation de 250 à 350 kilogrammes d'eau. Un hectare qui produira 2 000 kilogrammes de matière sèche du blé aura besoin de 600 000 kilogrammes d'eau.

Plus le sol est pauvre en engrais, plus il faut d'eau à la plante. Aussi, les terres bien fumées craignent moins la sécheresse que les autres.

COMPOSITION DES VÉGÉTAUX

Quatorze corps simples suffisent pour fournir tous les végétaux, mais il y en a qui sont moins importants que les autres, et un certain nombre qui se trouvent en abondance dans l'air et dans toutes les terres, même les plus mauvaises.

Aussi le cultivateur peut-il entretenir la fertilité de son sol en lui fournissant les quatre corps suivants :

     L'azote
     L'acide phosphorique
     La potasse
     La chaux

Ces éléments forment la base des engrais, ainsi que nous le verrons plus loin.

L'azote est un gaz qui, nous le savons, entre pour les 4/5 dans la composition de l'air, il est pris par les plantes à l'état de combinaison, car aucune, sauf les légumineuses, ne peut l'absorber dans l'air à l'état gazeux.

Dans le sol les plantes le trouvent sous forme de nitrates, de sels ammoniacaux, de matières organiques.

L'azote est l'élément dominant des engrais ; il entre dans la composition de toutes les parties du végétal et surtout de la graine.

L'acide (1) phosphorique est un composé du phosphore et de l'oxygène. Il se combine à la chaux pour former le phosphate de chaux, sel qui avec le carbonate de chaux ou calcaire forme les os des animaux; c'est lui également qui, uni à la matière azotée, forme les graines. C'est en somme un élément de la plus grande importance.

La *potasse* est une base composée d'oxygène et de potassium ; elle est indispensable à la formation des tissus végétaux. La potasse sert particulièrement à former les sucres, fécules, amidon et corps analogues.

La *chaux* est aussi une base formée d'oxygène et de calcium ; on la rencontre en abondance dans nos pays jurassiques ; unie à l'acide carbonique, elle forme alors le carbonate de chaux que l'on nomme calcaire et qui entre dans la composition de tous les végétaux.

---

(1) L'oxygène se combine avec tous les corps simples; avec les uns il donne naissance à des acides.

Souffre et oxygène :	acide sulfurique.
Phosphore et oxygène :	acide phosphorique.
Chlore et oxygène :	acide chlorique.
Carbone et oxygène :	acide carbonique.

Avec les autres il donne des oxydes aux bases :

Potassium et oxygène :	oxyde de potassium aussi appelé potasse.
Sodium et oxygène :	oxyde de sodium ou soude
Magnésium et oxygène :	oxyde de magnésium ou magnésie.
Calcium et oxygène :	oxyde de calcium ou chaux.

Les acides sont des corps à saveur aigre, comme le vinaigre. Ils ont pour propriété de rougir le papier de tournesol bleu.

Les bases ou oxydes, ont une saveur brûlante, âcre, caustique comme les cendres.

Elles ramènent au bleu le papier de tournesol rougi par un acide.

Les acides et les bases se combinent toutes les fois qu'ils sont en présence. Ils forment alors des sels qui sont généralement neutres, c'est-à-dire qui n'agissent pas sur le tournesol et qui ne sont ni acides ni basiques.

Ainsi l'acide sulfurique et la chaux forment le sel appelé sulfate de chaux ou plâtre.

L'acide phosphorique et la chaux forment le sel appelé phosphate de chaux.

Nous donnerons plus de détails sur ces quatre éléments fondamentaux des plantes en parlant des engrais dont ils forment la base.

Il est très utile, pour connaître les besoins d'une récolte, de savoir combien elle contient d'azote, etc.. Dans chaque pays on devrait faire l'analyse des plantes, mais à défaut de ce travail, on se servira avec fruit des tables de Wolf, que l'on trouvera à la fin de ce livre.

La même plante n'a pas une composition immuable, mais il n'y a pas cependant de grandes différences entre un trèfle venu sur deux terres de nature différente. C'est ainsi, par exemple, que les cendres du blé renferment toujours environ moitié de leur poids d'acide phosphorique, quelque variable que puisse être en ce dernier corps la teneur de la terre... Il n'y a là rien d'absolu, bien entendu, mais l'indication d'une tendance générale. (GRANDEAU, *L'épuisement du sol et les récoltes*, p. 83).

CHAPITRE II

LE SOL. — COMPOSITION. — CULTURE

LE SOL

Le sol arable est la couche remuée par la charrue.

Il est formé d'une partie MINÉRALE et d'une partie ORGANIQUE.

La PARTIE MINÉRALE est composée de trois éléments : le sable, l'argile, le calcaire, ainsi que des pierres et graviers.

La PARTIE ORGANIQUE n'est autre chose que le *terreau* dont la partie active est *l'humus*, espèce d'enduit qui entoure les particules de sable, d'argile et de calcaire.

Le sol est formé en grande partie de sable et d'argile (90 0/0).

Le *calcaire* et *l'humus* malgré leur faible proportion ont un rôle très important que nous examinerons tout à l'heure.

Le *sable* est sec, très meuble, pauvre en engrais et ne retenant pas ceux qu'on lui confie.

L'argile au contraire, est très humide, tenace, riche en potasse, elle retient énergiquement les engrais.

Le mélange d'une partie d'argile pour deux de sable donne une terre de consistance moyenne que l'on appelle terre franche quand elle possède en outre de 3 à 5 p. 0/0 de calcaire et autant d'humus.

LE CALCAIRE

Le calcaire change du tout au tout les propriétés du sol, aussi son absence dans une terre est-elle une circonstance très fâcheuse.

Le calcaire est indispensable à la *nitrification*, phénomène capital pour la nutrition azotée des plantes ; nous l'étudierons plus loin ; disons ici cependant que la nitrification est la transformation en nitrates de la matière organique azotée. Or, l'azote qui est un des aliments principaux de la plante, ne peut être absorbé par elle que sous la forme de nitrate.

Dans toute terre non calcaire la nitrification est impossible.

Le calcaire fournit aux plantes la chaux qu'elles contiennent. Celles de la famille des légumineuses en sont spécialement pourvues.

Enfin le calcaire a pour propriété de *coaguler l'argile* et par là de la maintenir dans les terres. Autrement celle-ci existerait à son état naturel de poussière fine délayable dans l'eau et elle serait entraînée par les pluies ; le sable resterait alors seul et formerait un sòl sec et aride.

L'HUMUS

L'humus ou extrait de terreau est dans son genre au moins aussi utile que le calcaire.

Il agit comme ciment en réunissant à la manière de l'argile, les grains de sable entre eux.

Seulement, *1 d'humus a,* sous ce rapport, *la même puissance que 10 d'argile.*

L'humus est formé par les débris des êtres vivants, animaux et végétaux, racines de trèfle ou de blé, feuilles et tiges de plantes fourragères, fumiers, etc., plus ou moins décomposés.

Aussi l'humus est-il riche en engrais de toute nature, azote, acide phosphorique, potasse et chaux.

De l'avis des praticiens, l'humus donne de la consistance aux terres légères, en même temps qu'il peut ameublir les terres fortes.

De là l'utilité du fumier en tant que modificateur des propriétés physiques des terres.

TYPE D'UNE BONNE TERRE

D'après M. Masure [1] les meilleures terres de la Beauce contiennent :

Argile	20	à	30 0/0
Sable	50	à	70
Calcaire	5	à	10
Humus	5	à	10

CLASSIFICATION DES TERRES

M. Masure divise les terres d'après leurs éléments dominants, en 4 classes, savoir :

Terres	argileuses	contenant	plus	de	30 0/0 d'argile
»	sableuses	»		»	70 0/0 de sable
»	calcaires	»		»	10 0/0 de calcaire
»	humifères	»		»	10 0/0 de terreau [2]

ANALYSE PHYSIQUE OU MÉCANIQUE DES TERRES

L'analyse mécanique d'une terre nous indique combien elle contient des quatre éléments physiques.

Le dosage du calcaire est surtout intéressant ; on peut le trouver facilement avec un petit appareil appelé calcimètre simplifié, que l'on trouvera pour 12 fr. 50 à la Société centrale, 44, rue des Ecoles [3].

Toutes les écoles primaires, toutes les communes, devraient avoir ce petit appareil que l'instituteur fera facile-

---

(1) Ancien professeur de physique au lycée d'Orléans, auteur d'un excellent ouvrage sur l'analyse physique des terres.

(2) Lorsque deux éléments dominent, on en compose le nom de la terre, en mettant en tête l'élément dominant et en lui donnant la terminaison O.

Exemple : une terre formée d'argile et de calcaire se nommera
terre argilo-calcaire.
De même, terre argilo-sableuse
argilo-humifère, etc.

(3) Il est décrit dans le livre de M. René Leblanc ; voyez la note de la page 5. Aux personnes qui désireraient un appareil plus exact j'indiquerai le calcimètre Bernard. Chez M. Bernard, à la station agricole de Cluny (Saône-et-Loire). Prix de l'appareil, 30 francs.

ment fonctionner et qui donnera à tous d'utiles renseignements sur la composition du sol et la nécessité de chauler et de marner.

L'examen de la végétation spontanée indiquera si une terre est calcaire ou non. Les plantes calcicoles sont en effet :

Les légumineuses diverses, l'hyèble, le mélampyre, l'arrête-bœuf, la sauge, la brunelle, la fléole, le fumeterre, etc.

Si après la pluies, les flaques d'eau s'éclaircissent rapidement, le terrain est calcaire ; si elles restent troubles, il ne l'est pas (coagulation de l'argile par les sels calcaires).

POUVOIR ABSORBANT DU SOL

Filtrons du purin bien noir sur un entonnoir rempli de terre argileuse séchée et pulvérisée ; le liquide sortira clair et dépouillé de la plupart des éléments de fertilité qu'il contient.

La terre a le pouvoir de retenir certains de ces éléments, notamment : l'ammoniaque, l'acide phosphorique, la potasse ; tandis qu'elle laisse perdre les autres : nitrates, sels de chaux.

L'humus et l'argile seulement jouissent de cette propriété à l'exclusion du sable.

Aussi, ne jamais employer les nitrates avant l'hiver.

Si sur une terre, à laquelle on vient de faire absorber ainsi de la potasse, de l'acide phosphorique, etc., on fait passer un courant d'eau, celle-ci n'enlèvera rien à la terre. La potasse, etc., est bien fixée à l'état insoluble, mais nous savons que les racines peuvent très bien l'extraire à cet état.

ANALYSE CHIMIQUE DES TERRES

La fertilité d'une terre dépend de la quantité qu'elle contient en éléments de nutrition des plantes.

M. Joulie admet qu'une terre est assez riche si elle contient :

	Par kil.	Par hectare dans 4 000 000 kil.
Azote	1 gramme	4 000
Acide phosphorique	1 —	4 000
Potasse	2,5 —	10 000
Chaux	50 —	200 000

Une terre ainsi composée n'a besoin d'aucun engrais pour donner une bonne récolte de n'importe quelle plante.

Le cultivateur n'aurait d'après cela qu'à faire faire l'analyse de son sol pour savoir quels sont les engrais à employer.

Exemple : une terre qui contient 2 000 kil. seulement d'acide phosphorique par hectare, a besoin d'engrais phosphatés, mais faut-il ajouter les 2 000 kil. qui manquent ? Ce serait bien cher et surtout inutile, car on remarque qu'avec 100 kil. d'acide phosphorique à l'état soluble on obtient de fort belles récoltes.

Mais ce système n'est ni pratique ni exact.

L'analyse de la terre coûte cher et, quand il la connaît, le cultivateur ne sait que conclure ; le chimiste est aussi fort embarrassé. En voici les raisons.

Tout d'abord remarquons que ce n'est pas dans la couche supérieure seule (qui pèse 4 000 000 de kilogr. [1]) que se nourrit la plante, nous avons vu, en effet, qu'elle envoie ses racines à un mètre et souvent plus profond.

D'un autre côté, chaque élément de fertilité se trouve dans le sol à deux états bien différents : l'état assimilable et l'état non assimilable par les plantes ; or, le chimiste ne peut distinguer ces deux états, il donne le bloc seulement.

Supposons qu'il trouve 1 gr. d'acide phosphorique par kil. ; à ce taux la terre est assez riche d'après lui. Cepen-

---

[1] En labourant à 0,25 de profondeur, il y a 2 500 mètres cubes de terre remuée par hectare ; comme chacun pèse environ 1 600 kil., les 2 500 pèseront 2 500 × 1 600 = 4 000 000 de kil.

dant supposons que l'acide phosphorique existe surtout à l'état non assimilable, la plante ne pourra se nourrir et l'on verra dans ce terrain soi-disant si riche, les engrais phosphatés faire le meilleur effet.

Aussi M. Müntz [1] conclut-il que, dans l'état de nos connaissances, l'analyse chimique ne suffit pas pour indiquer au cultivateur quels engrais il doit employer, et surtout à quelle dose.

Il faut nécessairement compléter l'analyse par des essais méthodiques organisés comme nous le verrons plus loin.

L'analyse serait claire cependant dans un cas, celui où elle ne trouverait pas l'un des éléments utiles, alors il faut employer sans hésitation cet élément qui fait défaut. Encore ne sait-on rien sur la quantité.

Conclusion : Laissons l'analyse aux agronomes et aux riches cultivateurs, mais, que les petits s'en passent et qu'ils exécutent les essais que nous allons indiquer, ils seront très suffisamment éclairés sur les besoins de leurs champs et sur les doses d'engrais à employer. Disons cependant que l'analyse permettra souvent d'abréger les essais et d'en diminuer le nombre.

SOUS-SOL

Si on analyse le sol, on doit en faire de même pour le sous-sol, car la plante y vit au moins autant que dans le sol.

L'une des principales qualités du sous-sol, c'est d'être perméable à l'eau et à l'air. Lorsque le sous-sol est imperméable, la végétation est languissante et la terre est toujours gorgée d'eau.

Si la couche imperméable n'est pas trop profondément placée, on essaiera de la perforer au moyen d'un défoncement, autrement on serait obligé d'employer le drainage pour assainir le sol.

---

(1) M. Müntz est un chimiste agricole très distingué, il est professeur-directeur des laboratoires de l'Institut national agronomique.

CULTURE DU SOL

La culture du sol a pour but de l'ameublir, d'y faire pénétrer l'air, de détruire les mauvaises herbes et les mauvaises graines qui s'y trouvent, d'y incorporer les engrais avant la semaille.

L'air est indispensable à la décomposition des matières organiques et, par suite, à la nitrification qui fournit aux plantes des engrais azotés.

L'oxygène de l'air agit également sur les matières minérales et leur fait subir des transformations qui les rendent assimilables.

La plante doit d'ailleurs être placée dans un milieu où elle puisse accomplir tous les actes de sa végétation souterraine, germination, ramifications des racines, absorption des engrais.

Le terrain sera d'autant mieux préparé qu'il sera ameubli plus parfaitement et plus profondément, qu'il sera mieux aéré, qu'il sera enfin plus complétement purgé de plantes nuisibles et aussi des mauvaises graines qui parfois infestent les sols pour si longtemps.

L'ensemble des opérations de culture comprend :

Les labours
Les quasi-labours
Les hersages, émottages
Les roulages.

Ce n'est pas évidemment par une seule opération qu'on atteint le but cherché et, en général, il faut employer la série des façons indiquées et dont la première et la principale est le labour.

Le labour a pour effet de découper le sol en bandes régulières ayant la section d'un rectangle dont les deux côtés sont les deux dimensions, la largeur et la profondeur.

$$AB = \text{largeur} = l \qquad BC = \text{profondeur} = p$$

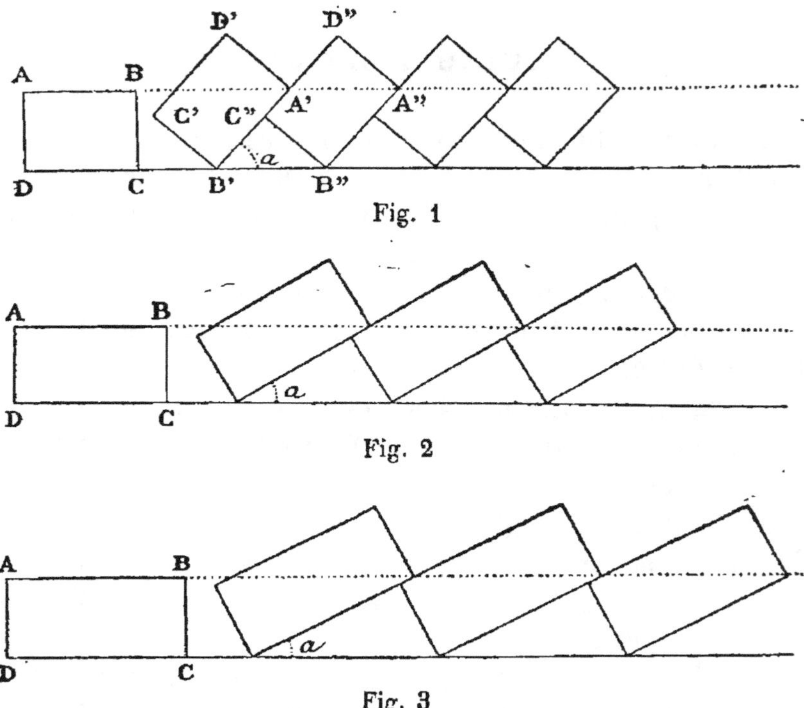

Le labour peut être plus ou moins incliné ; autrement dit l'angle d'inclinaison C'' B' B'' peut être plus ou moins grand.

Cela dépend du rapport entre la largeur l et la profondeur p. Plus l sera grand par rapport à p, plus l'angle d'inclinaison (désignons-le par α), sera petit et plus la bande sera couchée et retournée.

On peut se rendre compte de ceci par l'examen des trois figures de labour précédentes.

Dans la fig. 1, la profondeur p est égale à 2 et la largeur l à 3.

Dans la fig. 2, la profondeur p reste constante $= 2$, mais $l = 4$.

Dans la fig. 3 on a : $p = 2$; $l = 5$.

On voit ainsi que la profondeur restant la même, la bande est d'autant plus retournée que la largeur augmente davantage.

C'est une erreur assez commune de croire que la manière dont la charrue couche la bande dépend surtout de la forme de la partie postérieure du versoir ; elle dépend bien plutôt du rapport indiqué. Le versoir y est pour peu de chose.

Aussi les versoirs dont la partie postérieure est contournée de façon à presser sur la bande de terre une fois qu'elle a pris sa position naturelle, sont-ils défectueux.

Ils occasionnent un frottement et un tirage inutile et, en lissant la terre argileuse, ils l'empêchent de se diviser sous l'action de l'air.

LABOUR A 45°

Le meilleur labour est celui qui expose à l'air le plus de surface. Or, (fig 1) la surface exposée à l'air est proportionnelle à A' D" + D" A".

On démontre en géométrie que cette somme est la plus grande possible quand l'angle α est de 45°

Dans ce cas, on a A' D" = D" A", donc le triangle A' D" A" est isocèle et comme D" A" = p, on a A' D" = p aussi. Or, dans le triangle rectangle A' D" A" on a A' A"^{2} = D" A"^{2} + A' D"^{2} = $2\,p^2$.

Mais A' A" est égal à la largeur l, on a donc $l^2 = 2\,p^2$ d'où $l = p\sqrt{2}$

Ainsi pour qu'un labour soit incliné à 45°, il suffit et il faut que la largeur soit égale à la profondeur multipliée par $\sqrt{2}$ c'est-à-dire par 1. 41.

Exemple : Je veux labourer à 0, 18 de profondeur, quelle largeur faut-il prendre pour que le labour soit incliné à 45° ?

$$\text{Réponse :} \quad l = 0,18 \times 1,41$$
$$l = 0,25$$

Ainsi, en prenant 0, 18 de profondeur, il faut prendre 0m 25 de largeur pour que le labour soit incliné à 45° et qu'il expose à l'air le plus de surface possible.

CHARRUE DOMBASLE. — A grand âge sur avant-train.

Fig. 4.

SÉRIE A BATI EN **FER** ; **Sabot** et versoir d'acier : *(avec avant-train).*	MD. 96 pour 1 fort cheval. 95 — 2 chevaux. 94 — 3 chevaux.	Profondeur 0ᵐ 12 — 0 16 — 0 20	Prix **95** fr. — **106** fr. — **112** fr.

CHOIX D'UNE CHARRUE

En plaine on peut prendre indifféremment la charrue Dombasle ou bien le Brabant double, selon le prix que l'on veut y mettre et selon le labour que l'on désire.

CHARRUE DOMBASLE

A âge court, montée sur avant-train Dombasle

Fig. 5

SÉRIE A BATI EN FER ;	MD. 46 pour 1 cheval.	Profondeur 0ᵐ 12	90 fr.
Sabot et versoir d'acier :	45 — 1 fort cheval.	— 0 16	105 fr.
(avec avant-train).	44 — 2 chevaux.	— 0 20	121 fr.

Charrue Dombasle.— Se fabrique à grand âge pour aller avec avant-train du pays ou à âge court et cintré pour s'adapter à l'avant-train Dombasle. (*Voir fig. 4 et 5*).

Éviter la première qui donne un tirage plus considérable à cause de l'avant-train qui est défectueux.

La charrue à âge court se fabrique en fer, en fonte ou en acier. Je recommande la charrue à bâti en fer, versoir en acier, pour deux chevaux.

Le prix, avant-train Dombasle compris, est de 121 fr. On peut avec cet instrument faire un labour de 0^{m}20 de profondeur. (1)

Le *Brabant double* a deux corps symétriques, il permet de labourer comme avec la Tourne-oreille des montagnes en jetant toujours la terre du même côté.

(*Voir la figure 6 à la page suivante*)

Le Brabant double, léger, pour deux chevaux, coûte 260 fr. complet, avec rasettes et traineau ; chez M. Bajac, l'un de nos meilleurs constructeurs dans ce genre.

La profondeur atteinte par deux chevaux ordinaires, en terre franche, est de 0^{m}22.

CHARRUES DU PAYS

La charrue est un instrument très délicat à construire. Il demande de savants ingénieurs et un outillage complet, en même temps que d'adroits ouvriers.

Aussi nos maréchaux ne sont pas toujours à la hauteur. Ils n'ont pas souvent à faire deux charrues complètement identiques, ils se conforment au goût plus où moins sûr de leur clientèle ; quant à eux, ils n'ont aucun modèle arrêté et construisent généralement sans principe un instrument qui demande la plus grande précision. C'est pourquoi il semble préférable de s'adresser à des constructeurs connus, qui sans cesse cherchent à améliorer leurs différents types de machines d'après les observations des cultivateurs contrôlées par les essais qu'ils font eux-mêmes.

---

(1) Nous engageons une fois pour toutes le cultivateur à faire toutes ses acquisitions importantes par l'intermédiaire d'un bon Syndicat. Citons, par exemple, celui de la Société d'agriculture du Doubs dont le siège est 73, Grande-rue, à Besançon.

BRABANT DOUBLE

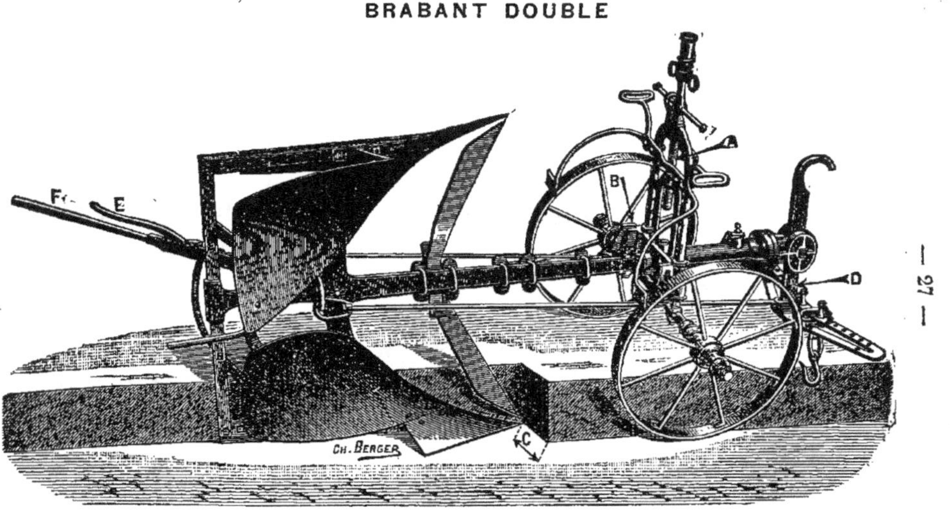

Fig. 6. — Brabant double de BAJAC.

M. Bajac possède à Liancourt, près de ses ateliers, de vastes pièces de terre où se font continuellement des essais divers [1]. On m'a cependant cité plusieurs habiles maréchaux de notre pays qui commencent à faire le Brabant.

DIFFÉRENTS LABOURS

On distingue suivant la profondeur :

Les déchaumages	de 0^m 08 à 0^m 12
Le labour ordinaire	de 0^m 15 à 0^m 25
Le défoncement	de 0^m 25 à 0^m 50

DÉCHAUMAGE

Comme son nom l'indique, se fait après moisson. Ce labour, très léger, a pour but de faire germer les graines nuisibles qui ont mûri avant le blé et se sont semées elles-mêmes.

Ce labour se fera plus économiquement au scarificateur (voyez quasi-labours), un roulage facilitera la levée des mauvaises graines.

LABOUR ORDINAIRE

Se donne surtout pour les semailles. Nos cultivateurs le font de 0^m 15 et parfois moins, c'est trop peu ; il ne devrait jamais avoir moins de 0^m 18.

DÉFONCEMENT

Comment atteindre 40 et 50 centimètres ? au moyen de deux charrues qui se suivent dans la même raie.

On distingue deux espèces de défoncement :

1º Celui qui laisse le sous-sol en place ;

2º Celui qui ramène le sous-sol à la surface.

Le premier s'appelle fouillage ; c'est un excellent procédé de culture partout où l'on peut le mettre en usage. C'est sur lui que l'on doit fonder tout espoir d'augmentation de récolte, quel que soit le sous-sol. En effet, la nature de celui-ci importe peu puisqu'il reste à la place où il était ;

---

(1) On trouvera une instruction détaillée sur la conduite de la charrue brabant dans le catalogue Bajac de 1895, page 14.

seulement, le cube de terre meuble a doublé et l'air, les racines, les engrais peuvent y pénétrer ; peu à peu il se fertilisera et arrivera à la même qualité que le sol. Il suffira alors de le ramener, petit à petit, avec une charrue spéciale le Brabant défonceur. Le véritable défoncement, comme on le voit, ne doit être appliqué qu'après le fouillage.

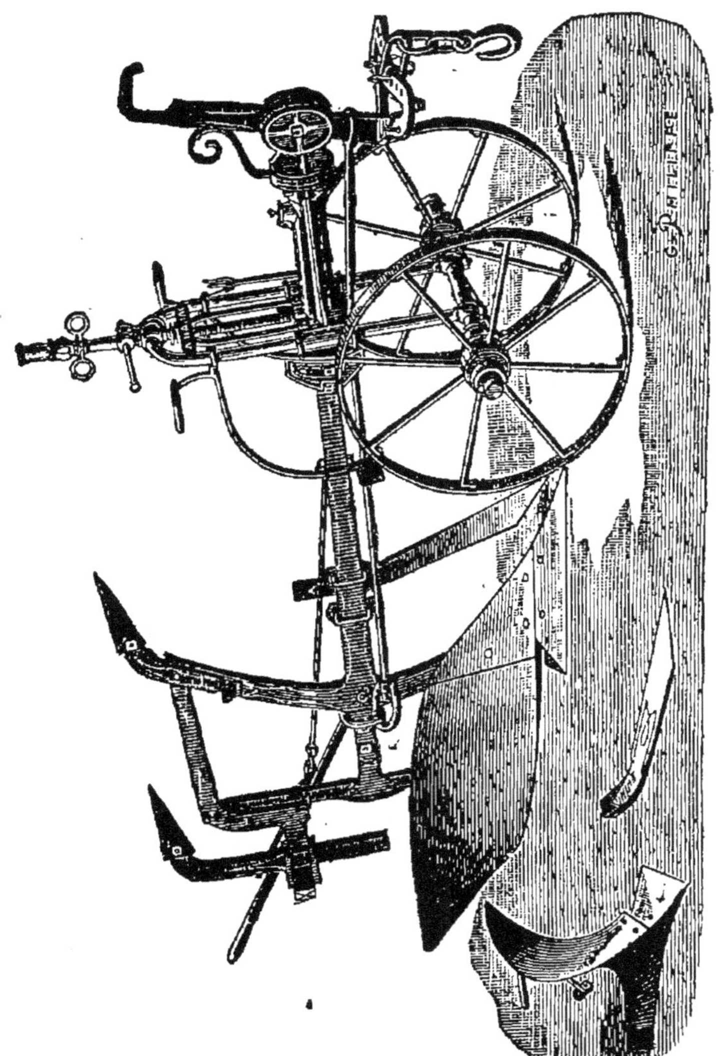

Fig. 7. — L'appareil se compose de 2 grappins facilement amovibles, fouillant au retour dans le sillon tracé à l'aller par le corps de charrue. Ces grappins ameublissent le sous-sol sans le ramener à la surface.

EXÉCUTION

Première manière

1º On fait d'abord passer la charrue Dombasle ; bien attelée elle atteindra 0ᵐ 20 ; derrière, on met en action une charrue sous-sol, ou pied défonceur, vendu 60 fr. à Nancy, s'il est simple, et 80 fr. s'il est double [1] ; il faut encore deux ou quatre animaux selon la profondeur. On peut, si l'on veut agir économiquement, pour un essai par exemple, se servir d'une *charrue ordinaire à laquelle on aura ôté le versoir.*

Deuxième manière

2º Le meilleur moyen consiste à employer le Brabant double muni d'un appareil fouilleur, prix 42 fr., qui remplace l'un des deux corps de charrue, alors avec le même attelage on commence par labourer une raie et ensuite on la fouille.

Trois animaux au moins sont nécessaires pour faire un bon travail.

L'appareil défonceur qui s'adapte au Brabant *et ramène la terre,* coûte 70 fr. ; il nécessite une force de quatre bœufs pour faire un labour dont la profondeur dépend de la nature de la terre. On en trouvera le dessin au catalogue de Bajac.

Le défoncement est indispensable pour la culture des pommes de terre dont il permet de doubler la récolte, celle des betteraves, de la luzerne et de toutes les plantes pivotantes.

C'est un procédé d'amélioration qui conduira sûrement au résultat, surtout si on emploie en même temps de fortes fumures.

Le défoncement dure de cinq à six ans, au bout de ce temps la terre se tasse et il faut recommencer.

RANCHAGE

Le ranchage est une pratique de la moyenne montagne qui doit être remplacée par le labour en plein, car, il laisse dans la terre intacte, des masses de graines et de racines

---

[1] Consultez à ce sujet le catalogue de charrues Dombasle à Nancy.

vivaces de mauvaises herbes qui s'y conservent très bien et reparaîtront plus tard dans les cultures subséquentes. A Charbonnières, chez M. Cusenier, à La Chevillotte, chez Mme Monnot-Arbilleur, on ne ranche pas et l'on obtient cependant de plus belles récoltes que chez les voisins qui ranchent.

INCONVÉNIENT DU RANCHAGE

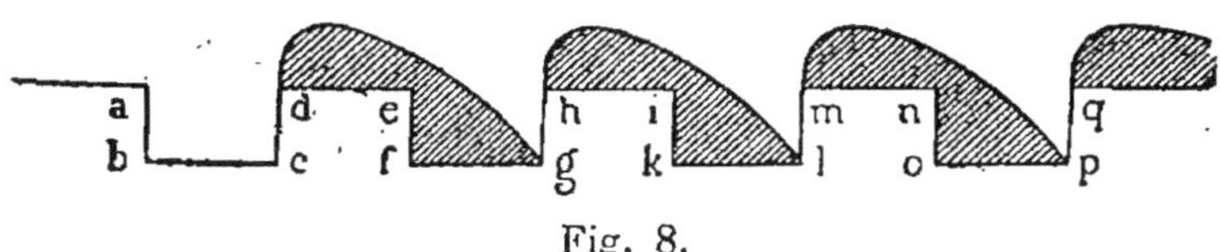

Fig. 8.

On laboure une raie sur deux, a b c d , e f g h , i k l m , etc. Les parties d c f e, h g k i, m l o n, ne sont pas touchées.

La terre extraite par la charrue de la raie a b c d est rejetée sur la partie contiguë non labourée d c f e ; cette terre retombe en partie dans la raie e f g h, de sorte que le labour prend l'aspect ci-dessus. L'herbe poussée en d e est tout à fait recouverte et pourrit assez bien ; c'est ce que trouvent bon les partisans du ranchage. Mais dans les parties intactes d c f e, h g k i, etc., se trouvent des graines nuisibles ou des racines vivaces de chiendent qui seront à l'abri de toute destruction. On doit donc préférer le labour complet au ranchage, on donnera, en outre, un deuxième labour en novembre pour enterrer les herbes poussées.

LABOUR EN PLANCHES

Dans la plaine c'est le labour en planches qui domine. On divisera ainsi le terrain en compartiments séparés par des dérayures. On ne dépassera pas dix mètres comme largeur des planches.

Faire des cheintres (1) partout où il le faudra.

---

(1) On appelle cheintres, des bandes de 5 à 6 mètres de largeur qu'on laisse aux deux bouts d'un champ pour faire tourner les animaux et qu'on laboure en dernier lieu et dans un sens perpendiculaire à celui des planches de labour.

Pour andosser une planche, c'est-à-dire commencer par son milieu, on débutera en prenant exactement au milieu une raie peu profonde *a* (fig. 9) ; revenir ensuite *dans la même raie* et prendre une seconde bande *b* (fig. 10) aussi mince que la première que l''on renverse dans le sens opposé ; au-dessous de cette seconde bande, en prendre une autre et les renverser ensemble dans la raie ouverte au milieu de la planche (fig. 11) ; enfin, prendre encore une bande de terre au-dessous de la bande de terre *a*, et la renverser sur celles qui ont été précédemment retournées. (fig. 12).

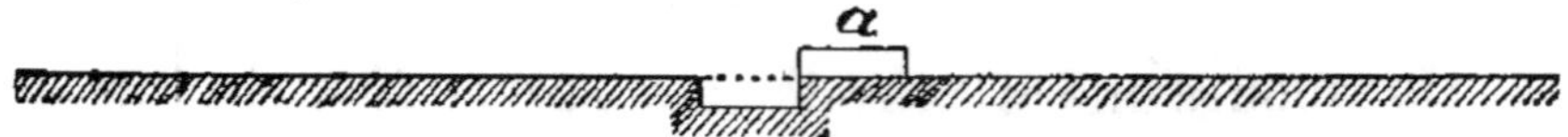

Fig. 9.— Coupe d'un andos après le renversement de la première
bande de terre.

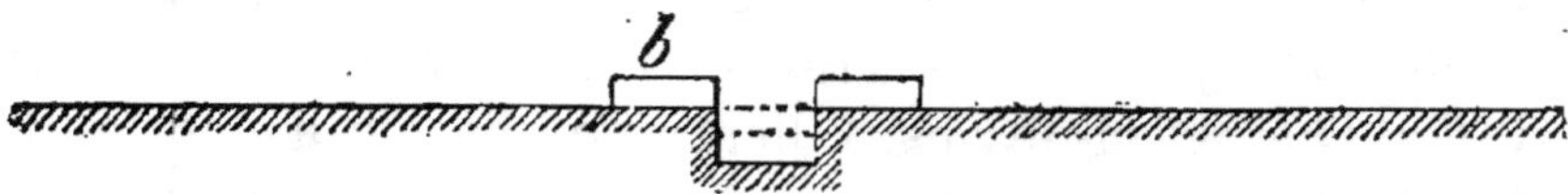

Fig. 10.— Coupe d'un andos après le renversement de la deuxième
bande de terre.

Fig. 11.— Coupe d'un andos après le renversement de la troisième
bande de terre.

Fig. 12.— Coupe d'un andos après le renversement de la quatrième
bande de terre.

« Comme les raies ouvertes sont peu profondes, il serait
« impossible d'y renverser une bande de terre ordinaire
« sans donner à l'andos une hauteur trop grande ; on aug-
« mente alors insensiblement et progressivement la profon-
« deur du labour de manière à n'arriver à la profondeur
« ordinaire qu'au quatrième ou au cinquième tour. Cette
« augmentation successive de la profondeur donne à la

« planche une convexité régulière aussi gracieuse dans la
« forme qu'utile dans les résultats.— CASANOVA, *Manuel de*
« *la charrue.*

Au lieu de commencer ainsi, bien souvent nos cultivateurs
se bornent à renverser deux raies l'une contre l'autre sans
que la terre du milieu de la planche soit remuée. On a alors
une bosse désagréable à voir et un terrain non cultivé sous
l'andos, (1) par suite peu productif. En général, nos cultivateurs devront mettre plus de soins au labour ; on fera les
raies aussi droites que possible ; on les terminera toutes
à la même hauteur et on ne laissera jamais un *ranchot* (2)
sans le reprendre. On surveillera spécialement l'attelage au
bout des raies quand il tend à s'écarter de la ligne droite.

Quand on commence à labourer une planche par les
bords, on dit qu'on *refend.* C'est le contraire de l'andos et
l'on termine en laissant une raie au milieu. Généralement,
on endosse et on refend alternativement les planches de
labour.

QUASI-LABOURS

On appelle de ce nom les façons au scarificateur, on va
ainsi plus vite qu'à la charrue.

Le scarificateur doit être introduit dans notre outillage.
Il hâte le déchaumage, détruit le chiendent, enterre mieux
les graines que la herse. Un excellent scarificateur est celui
de Bajac, prix 220 fr. ; un bon instrument aussi, et moins
cher (135 à 202 fr.) est celui de Puzenat ainé (fig. 13 et 14).

Le scarificateur peut exécuter plusieurs travaux selon les

---

(1) L'andos est le commencement du labour, on le fait souvent en ren-
versant deux raies l'une contre l'autre, sans que le milieu de la planche
enfoui sous ces raies soit cultivé.

(2) Terme qui indique un manque qui se produit lorsque la charrue
sort de terre et laisse une petite longueur non labourée avant que l'on ait
pu faire repiquer l'instrument.

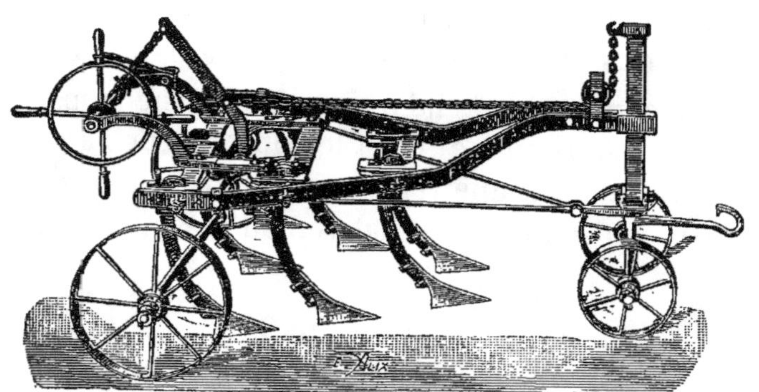

Fig. 13. — Scarificaetur PUZENAT.

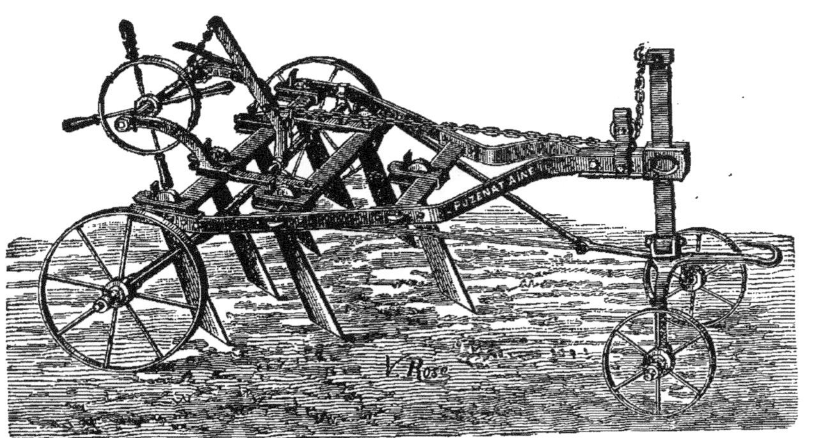

Fig. 14. — Régénérateur PUZENAT.

pieds dont on le garnit. Il y a parmi ceux-ci : le pied 1, scarificateur ordinaire qui pioche ; le pied 3 d'extirpateur qui coupe horizontalement ; les couteaux 4, régénérateurs

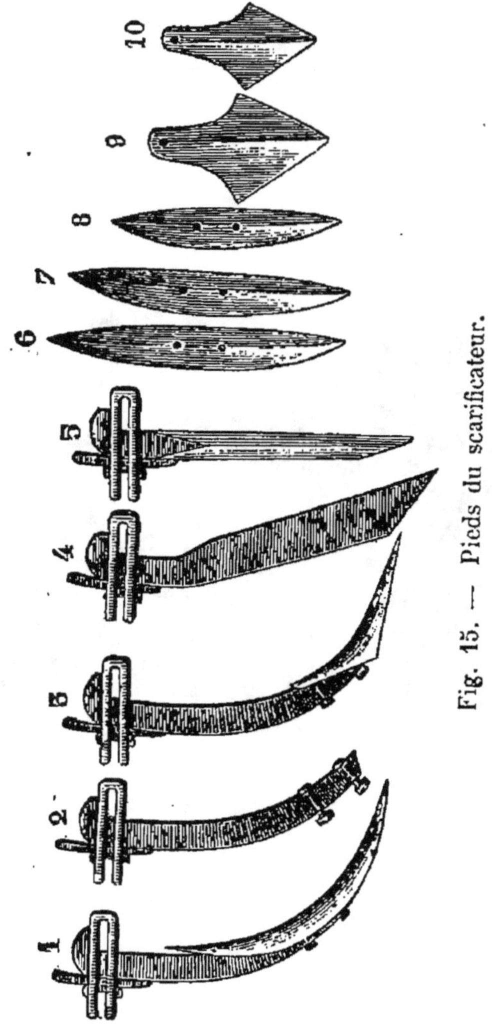

Fig. 15. — Pieds du scarificateur.

des prairies, qui ouvrent le gazon, y font pénétrer l'air et les engrais, coupent les stolons ou rhizomes qui forment un feutrage imperméable à l'air ; la dent de herse 5 sert pour les hersages très énergiques et l'enfouissement profond des semences. (Voir fig. 15).

Le scarificateur demande généralement quatre animaux ; c'est l'instrument par excellence de nettoiement et d'ameublissement du sol. La herse dite piocheuse, de la montagne, a la prétention de le remplacer, mais elle n'en approche même pas.

Quand la terre a reçu un labour profond à la charrue, avant l'hiver, on peut faire les semailles de printemps après une bonne façon au scarificateur. Ce système permet d'aller très vite et d'entrer dans les terres humides beaucoup plus tôt après la pluie qu'on ne peut le faire avec la charrue.

HERSAGE

La herse est un excellent instrument quand il est bien

HERSE PUZENAT
Fig. 16.

Les herses Puzenat sont en fer. Les dents acérées se vendent 0 fr. 20 de plus par dent. On peut, avec une herse de 4 parties, n'en atteler que 3 ou 2. Pour cela, il suffit de demander des barres d'attelages supplémentaires en indiquant le nombre de compartiments auxquels elles doivent servir.

Pour conduire la herse au champ on la retourne sur le dos. Les patins que l'on voit sur la figure servent de traîneau.

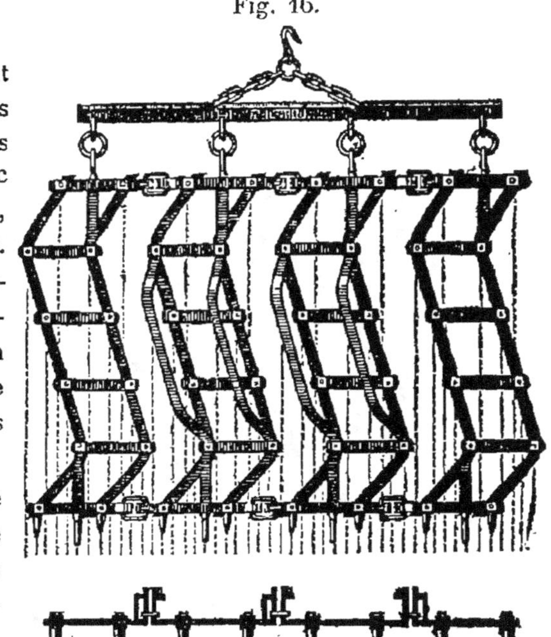

Il y a 9 modèles de force différente.

		Dents.	Largeur.	Poids.	Force.	Prix net.
3 parties La Herse N° 2.		30	1ᵐ,45	70 kil.	1 cheval.	**35 fr.**
4 — — —		40	2 15	100 kil.	2 chevaux.	**50 fr.**
3 — — N° 3.		30	1 45	55 kil.	1 cheval.	**27 fr. 50**
4 — — —		40	2 15	80 kil.	2 chevaux.	**40 fr.**
3 — — N° 4.		30	1 27	45 kil.	1/2 cheval.	**27 fr.**
4 — — —		40	1 70	60 kil.	1 cheval.	**36 fr.**

fait. Chez nous il l'est assez mal, mais cela ne l'empêche pas de tenir lieu d'un certain nombre d'autres.

La herse du pays, en forme de trapèze, coûte 30 fr., elle est à bâti en bois et n'a ni résistance ni puissance. On la remplacera par la herse Japy ou celle de Puzenat, qui coûte le même prix et même moins cher, mais qui est en acier et qui a une action énergique.

La herse Puzenat est formée de parties semblables articulées entre elles de façon à suivre les inégalités du terrain, on peut en mettre exactement le nombre que l'on désire selon la force de son attelage. On ne comprend pas que nos cultivateurs conservent leur vieux système de herse qui n'a plus rien pour lui, pas même le bon marché, et qui est incapable de recouvrir du blé semé sur un terrain préalablement hersé.

ROULEAU (fig. 17)

ROULEAU

	Largeur.	Poids.	Diamètre.		Prix net.
N° 1. 4 cylindres.	1ᵐ 32	415 kil.	0ᵐ 50	1 cheval.	**132** fr.
id. id.	1 32	500 kil.	0 60	1 cheval.	**158** fr. **40**
id. id.	1 32	713 kil.	0 70		**214** fr.

Nos rouleaux en bois sont trop longs et ont un diamètre et un poids trop faibles. Faits d'une seule pièce, quand on herse le blé ou l'avoine, ils détériorent la récolte dans les tournants. Cependant, un bon rouleau est un excellent instrument pour aplanir les surfaces à faucher, pour obtenir la levée d'un semis compromis fait en plein été, etc., on se procurera un rouleau articulé formé de plusieurs tronçons, ayant 0m50 à 0m60 de diamètre. Il sera creux, en fonte, à surface unie ou mieux ondulée. Puzenat vend 150 fr. un rouleau semblable, de 415 kilogr., pour un cheval.

ÉMOTTEUSE-ÉCROUTEUSE

L'émotteuse est un instrument parfait, d'invention ré-

ÉCROUTEUSE-ÉMOTTEUSE

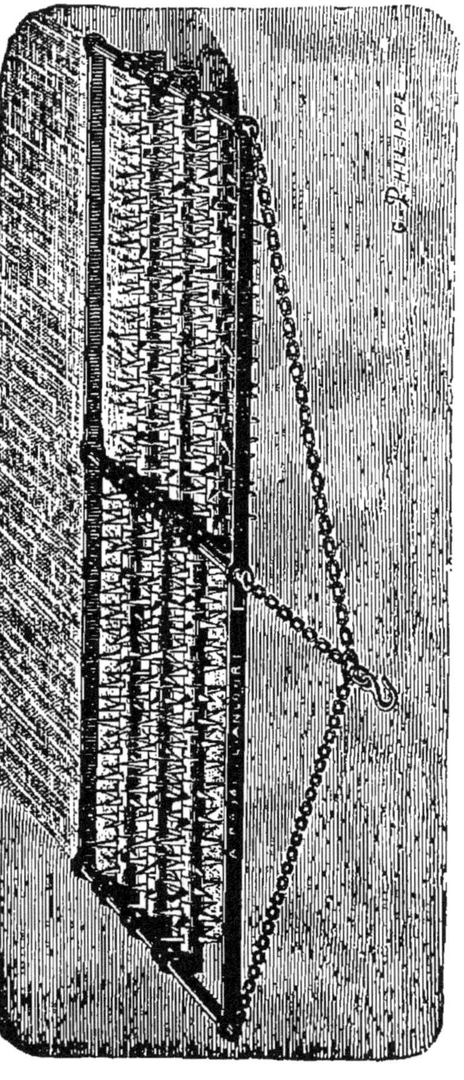

Fig. 18.

Herse pour 1 cheval	3 rangs d'étoiles	Largeur	Prix
		1 m. 70	76 fr. 50
—	—	2 m.	90 fr. 00
Herse pour 2 chevaux	4 rangs d'étoiles	2 m.	112 fr. 50

Il faut en plus un traineau de 31 fr. 50.

Ces prix sont nets et obtenus par l'intermédiaire du Syndicat qui fait bénéficier les acheteurs de la remise de 10 o/o à lui consentie par M. Bajac sur les prix de son catalogue. D'ailleurs, en s'adressant au Syndicat pour les achats de machines, on bénéficiera toujours d'une remise, quelquefois très importante.

cente. C'est une herse rotative formée de traverses qui portent des étoiles de fonte. Ces traverses étant trainées sur le sol, les molettes des étoiles piochent doucement la terre et l'ameublissent très bien. L'émotteuse finit un champ commencé par la herse, elle fournit un terrain aplani, bien uni, sans mottes et légèrement roulé, éminemment propre à recevoir le grain répandu soit à la volée, soit au semoir. L'émotteuse sert aussi au printemps pour biner les blés, c'est alors une excellente écrouteuse.

REMPLACER PEU A PEU LE VIEUX MATÉRIEL

Comme on le voit, notre matériel de culture composé d'une mauvaise charrue et d'une herse défectueuse est complètement à changer et à remplacer. Il y a là une dépense de plusieurs centaines de francs que l'on pourra faire petit à petit, mais qui me semble indispensable.

Si l'on veut employer des semences de choix, des engrais chimiques, etc., il est nécessaire de préparer la terre en conséquence.

D'ailleurs, les instruments les plus chers et les meilleurs sont les plus économiques, parce qu'ils durent longtemps, ne demandent que peu de réparations, font un travail excellent et sont toujours prêts.

En résumé, le mobilier d'un culivateur doit se composer des instruments suivants :

	Prix approximatifs
1° D'une charrue Bajac, à 2 chevaux	260 fr.
2° D'une herse articulée, à 2 chevaux............	60
3° D'une émotteuse, à 1 cheval et traineau.......	115
4° D'un scarificateur Puzenat....................	250
5° D'un rouleau Puzenat, pour 1 cheval	150
Total..........	835 fr.

Si nous y joignons les instruments secondaires, fourches, râteaux, brouettes, trieurs, etc., il est facile d'arriver à **1 000 francs**.

SOINS A DONNER AUX INSTRUMENTS

Il n'est pas hors de propos ici de recommander à nos cultivateurs plus de soins de leurs machines.

Il faut que chacun ait un hangar spécial, fermé si c'est possible, où l'on puisse ranger les instruments. Chaque jour on les rentre et on les nettoie de la terre et de la boue qu'ils portent, quand même le lendemain ils doivent en gagner autant. Avant l'hiver on les remise définitivement, après les avoir réparés, graissés, repeints, etc.

N.-B.— Avant de se procurer un instrument quelconque, il est bon de demander aux constructeurs leur catalogues. La plupart de ceux-ci sont très bien faits et contiennent des renseignements très précieux sur la conduite, le règlement, etc., des machines. S'adresser surtout à Bajac, à Liancourt (Oise); Puzenat, aîné, à Bourbon-Lancy (S.-et-L.); de Meixmoron-Dombasle, à Nancy ; Japy, à Beaucourt, etc.

Ces catalogues formeront un complément très utile du chapitre précédent.

CHAPITRE III

LES ENGRAIS

LE ROLE DES ENGRAIS.— CULTURE INTENSIVE

Les engrais servent de nourriture aux plantes, ils exercent sur leur croissance une action prépondérante qu'il est inutile de démontrer, car chacun la connaît.

Mais un principe beaucoup moins connu, c'est celui qui conduit à fumer au maximum pour récolter en conséquence.

Plus on dépense par hectare, plus on abaisse le prix de revient des produits.

Cela tient à ce que l'on peut distinguer deux catégories dans les frais que l'on fait pour obtenir une récolte : les frais fixes par hectare et les frais variables avec la récolte; prenons le blé pour exemple :

Frais pour une récolte de blé sur un hectare				
	Fixes par hectare	Loyer par hectare 45 fr.		
		Travaux 43		186
		Semences....... 46		
		Frais généraux (1) 52		
	variables avec la récolte	Récolte, battage etc. 34		
		Fumure absorbée 74		108

$$294$$

Déduisons la valeur de 2 500 kilogr. de paille, à 3 fr. ci....... 75

Reste..................... 219 fr.

---

(1) L'on entend par frais généraux, un certain nombre de dépenses que l'on ne peut imputer à aucun compte particulier et que l'on répartit également sur toute la surface de la ferme à tant par hectare. Exemple : Les impôts, l'assurance contre l'incendie, les prestations, la réparation des bâtiments, etc., etc. Les chiffres que j'emploie ici ne sont pas arbitraires, ils sont tirés de la Comptabilité de Roville, la ferme si connue où Mathieu de Dombasle fit ses expériences de culture.

La récolte étant de 15 hectolitres, chacun d'eux coûtera au cultivateur 219 : 15 = 14 fr. 60.

Aujourd'hui (février 1895) le blé vaut 18 fr. les 100 kilog., soit 13 fr. 50 l'hectolitre de 75 kilogrammes.

La culture du blé ainsi faite est donc la ruine pour nos cultivateurs, car il perdent au moins un franc par hectolitre.

Mais, doublons la fumure et la situation va changer du tout ou tout, car nous allons faire du bénéfice.

Entre 15 et 40 hectolitres la récolte du blé est proportionnelle à l'engrais employé. En doublant l'engrais, nous récolterons donc 30 hectolitres par hectare.

Nous aurons alors :

Frais fixes, comme précédemment .... 186 fr.
Frais proportionnels ; doublons-les 216
Total 402
Déduisons de 5 000 kilogr. de paille, à 3 fr., ci . 150
Reste .... 252 fr.

L'hectolitre revient à 252 : 30 = 8 fr. 40 ; en le vendant 13 fr. 50, nous gagnons donc 13,50 — 8,40 = 5 fr. 10.

Il faut donc fumer au maximum, car plus on dépense par hectare, plus on diminue le prix de revient des produits.

Telle est la règle qu'il faut appliquer maintenant pour toutes les récoltes.

Pour faciliter l'application de ce principe, il faut réduire la surface en culture aux champs les meilleurs et susceptibles d'un plus grand produit. Quant à la partie du sol devenue libre par ce changement de système, il faut l'engazonner, y créer les prairies qui conviendront le mieux à la nature du sol et aux circonstances économiques.

Parmi les moyens de production, nous avons tout d'abord à nous occuper des engrais.

Le cultivateur a deux espèces d'engrais à sa disposition : le fumier de ferme et les engrais chimiques. Étudions-les successivement.

FUMIER DE FERME

Le fumier de ferme est le seul engrais qui fournisse de l'humus en quantité appréciable et nous savons quel est le rôle si important de l'humus. Aussi, efforçons-nous de produire du fumier en masse, c'est encore l'engrais le plus économique.

D'un autre côté, les engrais chimiques sans l'humus produisent considérablement moins qu'avec son concours. Soyons persuadés que le succès est là, dans l'alliance de ces deux forces, fumier, engrais chimiques, qui sont les facteurs les plus puissants de la récolte (1).

QUANTITÉ DE FUMIER PRODUITE DANS LA FERME

Réduisons en matière sèche tous les aliments consommés et prenons-en moitié. A cette moitié ajoutons la matière sèche de la litière ; la somme ainsi obtenue multipliée par 4 donnera la solution du problème.

Exemple : Une vache consomme dans l'année 11 fois son poids de fourrage, on lui donne 1/4 du poids de sa nourriture en paille litière. Combien donnera-t-elle de fumier ? Supposons qu'elle pèse 500 kilogrammes.

Le foin contient 85 0/0 de matière sèche, donc la consommation étant de 11 fois 500, ou de 5 500 kilogr., la nourriture contiendra en matière sèche $5\,500\text{ k.} \times \dfrac{85}{100} = 4\,675\text{ k.}$

Prenons-en la moitié, soit .... 2 337 k. 50
Ajoutons 1/4 de 4 675 kil. pour litière 1 168   87
____
3 506 k. 37

Fumier produit : $3\,506\text{ k. }37 \times 4 = 14\,025\text{ k. }48$.

____

(1) « On peut à première vue, disait Boussingault, juger de l'industrie « et du degré d'intelligence d'un cultivateur par les soins qu'il donne à « son tas de fumier ».

Ainsi la vache de 500 kilogr. qui consomme 11 fois son poids de foin par an, produit 14 000 kilogr. de fumier ou environ 28 fois son poids.

RECUEILLONS LES URINES ET PURINS

C'est une habitude générale de laisser perdre les urines et purins. Estimons-en la valeur pour une vache, par exemple, d'après M. Boussingault.

	EXCRÉMENTS	
	Solides	Liquides
Un bœuf donne par an..............	10 000 k.	3 700 k.
Un cheval —	5 000	500
Un mouton —	800	200
Un porc —	450 k.	1 100 k.

Composition des excréments du bœuf :

	EXCRÉMENTS	
	Solides	Liquides
Azote pour 100 kilogr.	0 k. 330	0 k. 730
Acide phosphorique	0 240	0 010
Potasse............................	0 k. 140	1 k. 360

Valeur des excréments du bœuf :

1° BOUSES

Azote	0 k. 330 à 1 fr. 50 =:	0 fr. 49
Acide phosphorique	0 k. 240 à 0 fr. 60 =	0 14
Potasse....................	0 k. 140 à 0 fr. 40 =	0 05
	Total.............	0 fr. 68

2° URINES

Azote	0 k. 730 à 1 fr. 50 =	1 fr. 09
Acide phosphorique	mémoire	«
Potasse....................	1 k. 360 à 0 fr. 40 =	0 fr. 54
	Total.............	1 fr. 63

Ainsi l'urine vaut 2 fois 1/2 les bouses, à poids égal ; en un an, l'urine d'un bœuf vaut 3 700 × 1 fr. 63 = 60 fr. 30.

La perte de l'urine d'un bœuf vaut 60 fr. et pour 10 têtes 600 francs.

PURIN

Le purin est ce liquide brun qui s'écoule des tas de fumier arrosés par la pluie.

Le purin en traversant la masse du fumier s'est chargé des principes solubles, c'est-à-dire de nitrates, de sels ammoniacaux, en quantité variable selon l'âge et la décomposition du fumier.

Les fosses que l'on creuse (quand il y en a) sont beaucoup trop petites pour recueillir les purins, aussi en très peu de temps elles débordent et le purin court les rues.

M. de Dombasle estimait à 0 fr. 50 l'hectolitre de purin, on peut juger ainsi à l'œil des pertes éprouvées par les cultivateurs.

Il est bien facile cependant de s'opposer à ces pertes, aussi l'esprit se perd en conjectures pour expliquer cette incurie.

ÉPUISEMENT DU SOL PAR LA CULTURE

Il est d'autant plus nécessaire de s'opposer aux déperditions que subissent les fumiers et purins, que le sol de la ferme éprouve forcément par la marche même de l'exploitation une diminution constante de fertilité.

Chaque année, en effet, le cultivateur pour réaliser ses bénéfices ou pour faire l'argent nécessaire au fermage vend des grains, du bétail, du lait, du fromage, etc.

Chacune de ces matières contient une certaine quantité d'éléments qui, sauf peut être l'azote, ont été puisés dans le sol par les plantes.

Le tableau suivant indique la quantité d'éléments qui disparaissent ainsi du sol.

1 000 kil. des denrées suivantes enlèvent:	Azote		Acide phosphorique		Potasse	
Bœuf vivant..................	26 k.	6	18 k.	6	1 k.	7
Veau —	25	0	13	8	2	4
Mouton —	22	4	12	3	1	5
Porc —	20	0	8	8	1	8
Lait	6	9	1	9	1	7
Blé grain	20	8	8	2	5	5
Avoine	19	2	5	5	4	2
Pommes de terre (tubercule).	6	3	1	0	2	3
Foin..................	13	0	4	1	17	0
Paille..................	3 k.	2	2 k.	3	4 k.	9

INSUFFISANCE DU FUMIER PRODUIT SUR LA FERME

Quelle que soit donc la quantité du fumier produit sur l'exploitation et les soins que l'on en prend, ces pertes du sol n'en existent pas moins. Tout cultivateur est donc obligé d'acheter au dehors une certaine quantité d'éléments de fertilité, soit sous forme d'engrais, soit sous forme d'aliments concentrés pour le bétail, s'il veut s'opposer d'abord à la ruine de ses terres et même faire quelque bénéfice dans sa culture.

Restitution par 1 000 kil.	Azote		Acide phosphorique		Potasse	
Tourteau de colza..........	45 k.	3	20 k.	7	12 k.	9
Germes d'orge............	38	4	12	5	20	8
Drèche de brasseur	7	8	5	3	2	5
Son de froment..........	22 k.	4	28 k.	8	13 k.	3

FABRICATION DU FUMIER

La surface nécessaire pour une place à fumier que l'on vide deux fois par an, est de 4 mètres carrés par tête de gros bétail pesant 500 kilogr. Le volume de la fosse à purin est de un mètre cube par tête. Ce volume suffit même pour la montagne où il tombe beaucoup plus d'eau que dans la plaine.

Le sol sera bétonné. La forme sera celle d'un rectangle divisé en deux parties égales, de façon à avoir toujours deux tas dont l'un sera fait et l'autre en préparation.

Les deux parties seront séparées par un chemin de deux mètres de large. La fosse à purin sera sur ce chemin ; elle sera voûtée ou couverte de forts madriers et pourra être munie d'une pompe *Fauler* pour l'arrosement des tas. La fosse à purin sera placée à la partie la plus basse et les pentes seront calculées pour y amener tous les liquides du tas et, si c'est possible, les purins des écuries et étables. Au moyen d'un tuyau en caoutchouc et d'une lance, le purin peut être projeté à plusieurs mètres et l'arrosage exécuté par une seule personne.

Tout autour de la place à fumier il y aura des rigoles bétonnées qui conduiront les purins à la fosse.

Une levée en terre, en pente douce, pour ne pas gêner l'approche des voitures, sera établie tout autour de la place pour la protéger contre les eaux extérieures.

Un mur bas, n'existant que sur trois côtés, serait même préférable et remplirait le même but.

Le fumier sera sorti des écuries assez souvent pour éviter toute mauvaise odeur dans le logement des animaux. Il sera étendu à chaque fois en couche mince, et bien pressé avec les sabots.

Il faut en effet éviter les vides où se produisent des moisissures ; le point capital de la bonne fabrication du fumier, c'est de l'arroser fréquemment, d'y semer de temps en temps un peu de terre argileuse ou de marne sèche et en poudre pour absorber les gaz ammoniacaux et, quand il est arrivé à une hauteur convenable de 2^m à $2^m 50$, de le couvrir entièrement d'une couche de terre de $0^m 20$ d'épaisseur.

Les bords du tas seront montés bien verticalement et formés de fumier pailleux, tordu, pour éviter toute déperdition, tout désséchement par les bords.

Avec de semblables précautions, inutile d'établir une

toiture sur le tas et d'y introduire du plâtre et autres substances chimiques destinées à retenir les gaz fertilisants.

ENGRAIS CHIMIQUES

Nous avons vu que dans l'exploitation la mieux tenue, il fallait par des achats d'engrais, restituer au sol les éléments exportés par les ventes ou perdus par suite du manque de soins dans le traitement des fumiers.

D'un autre côté, nous savons qu'avec la quantité de fumier produite par notre système de culture, nous n'arrivons qu'à des récoltes dérisoires qui ne peuvent donner que des pertes.

L'achat d'engrais chimiques simples permettra de résoudre la question dans un sens favorable à la culture, en élevant les récoltes de 50 à 100 0/0 de ce qu'elles sont sans ces précieux auxiliaires.

Ainsi employés comme supplément du fumier, les engrais chimiques loin d'épuiser le sol, comme le disent les ignorants et les routiniers, ne feront qu'augmenter la masse des fumiers en produisant plus de paille, de fourrage, de racines.

Le cultivateur doit être bien persuadé que l'emploi de bons engrais chimiques est, avec le bon outillage et les semences de choix, l'un des moyens les plus efficaces de se tirer d'affaire.

LES TROIS ENGRAIS CHIMIQUES A EMPLOYER

La plante nous le savons, a surtout besoin de quatre principes, l'azote, l'acide phosphorique, la potasse et la chaux.

Mais la chaux doit être fournie au sol en dehors des engrais. Nous savons en effet, que dès que l'essai au calcimètre indique moins de 1 0/0 de chaux, la première chose à faire est d'en donner au sol une dose suffisante par le chaulage et le marnage. Sans cette précaution préalable, les engrais que l'on pourrait donner au sol y feraient beaucoup moins d'effet.

Laissons donc ici la chaux de côté. Voulant dans cet abrégé simplifier le plus possible les choses, je n'indiquerai que les engrais les plus employés, ceux qui neuf fois sur dix suffiront au cultivateur.

De même qu'il y a trois substances préférées par les plantes, il y a trois engrais principaux pour les leur fournir :

Le nitrate de soude fournira l'azote ;
Les scories Thomas   »   l'acide phosphorique ;
L'engrais Bugnot   »   la potasse.

AZOTE ET NITRATE DE SOUDE

L'azote est l'élément qui a le plus d'effet sur la végétation, mais les plantes ne s'alimentent pas toutes de ce principe de la même manière. Aussi sous ce rapport, on peut les diviser en deux classes.

1º *Les plantes améliorantes* qui prennent leur azote dans l'air et sur lesquelles les engrais azotés ne font aucun effet. Ce sont les plantes de la famille des légumineuses, le trèfle, la luzerne, la minette, le sainfoin, la vesce, le lupin, la serradelle, etc., etc.

2º Les plantes épuisantes qui prennent leur azote dans le sol, ce sont toutes les autres plantes, les céréales, les racines, la pomme de terre, le maïs, etc., etc.

Sur ces plantes, les engrais azotés ont une action remarquable et prépondérante.

Or, l'azote peut se trouver dans le sol à deux états différents : l'azote assimilable et l'azote non assimilable.

L'azote assimilable est celui que les plantes peuvent absorber directement, c'est l'azote nitrique ou ammoniacal, c'est-à-dire celui qui s'y trouve à l'état de nitrate ou de sel ammoniacal.

L'azote non assimilable est celui qui ne peut être utilisé directement par la plante *sans avoir subi certaines trans-*

formations. C'est l'azote des matières organiques, débris de plantes, terreau plus ou moins décomposé, fumiers, engrais organiques azotés, sang, corne, etc.

NITRIFICATION

Chaque jour une partie de l'azote organique du sol subit la transformation qui le rend assimilable et que l'on nomme la nitrification, c'est-à-dire la transformation en nitrate de soude, de chaux, etc.

Pour que la nitrification s'opère, il faut diverses conditions :

1º La présence d'un microbe spécial ;

2º Une chaleur comprise entre 5 et 45º ; c'est 25 à 30º qui conviennent le mieux ;

3º Une aération suffisante, car ces microbes respirent et ont besoin d'air ;

4º La présence dans le sol du calcaire, pour que l'acide nitrique formé puisse se combiner à la chaux et donner un nitrate ;

5º Une certaine proportion d'humidité.

Plus la nitrification est active dans une terre, plus la végétation y est vigoureuse. Mais il y a des terres qui nitrifient beaucoup mieux que d'autres. Aussi la richesse en azote organique n'est pas la seule chose à considérer, pour juger de la fertilité du sol, il faut encore savoir comment s'y produit la nitrification.

La présence du calcaire est une des conditions indispensables et surtout l'absence d'acidité du sol.

M. Dehérain a démontré par expérience, que la trituration du sol par de nombreuses façons, son ameublissement complet, est une excellente préparation à la nitrification.

Les sols compacts, argileux, les marais, les vieilles prairies contenant du terreau acide ne sont pas favorables à cette transformation de l'azote.

Le cultivateur tirera de ces indications d'utiles conséquences pour les cultures à appliquer au sol en vue de la nitrification.

C'est en automne, au moment des pluies, après la saison chaude, que la nitrification est surtout active. Mais comme le sol ne retient pas les nitrates, ils risquent fort d'être entraînés par les pluies de l'hiver.

La perte du sol en nitrate est d'autant plus grande que le sol est moins couvert de végétation, aussi, un excellent conseil donné par M. Deherain, consiste à semer après la moisson, sur le déchaumage, une culture dérobée dont les racines retiendront le nitrate.

Le vesce velue convient très bien pour cette destination.

PLANTES AMÉLIORANTES

C'est encore au moyen d'un microbe fixé sur certains renflements des racines, que les légumineuses prennent l'azote de l'air ; mais ce qu'il y a de plus important à savoir pour les cultivateurs, c'est que la quantité d'azote capturée par ces plantes est considérable et qu'un seul hectare de légumineuses peut apporter à la ferme de quoi fournir à la nourriture azotée de plusieurs hectares de plantes épuisantes.

En effet, le trèfle contient 20 kil. d'azote par 1 000 kil. de foin sec ; une récolte de 6 000 kil. en contiendra 120 kil. Or, les animaux rendent dans leurs excréments 80 0/0 de l'azote des fourrages. Sur 120 kil., il en reviendra donc 96 kil. à la place à fumier.

De plus, les racines et débris que le trèfle laisse dans le sol, contiennent plus de 200 kil. d'azote. Donc on peut estimer la quantité d'azote apportée par un hectare de légumineuses à 300 kil. environ.

Dans l'assolement triennal, le trèfle revient tous les six ans, pendant ce temps les autres récoltes absorbent dans le sol les quantités d'azotes suivantes :

	Azote apporté	Azote consommé
1º Trèfle	300 k.	»
2º Blé	»	38 k.
3º Avoine	»	25
4º Pomme de terre	»	57
5º Blé	»	38
6º Avoine	»	25
Total............		183 k.

Le cultivateur devra donc cultiver assez de légumineuses, trèfle, luzerne, sainfoin, pour prendre dans l'air l'azote nécessaire aux récoltes épuisantes.

Il augmentera l'absorption de cet azote, en fournissant aux légumineuses d'abondantes fumures en acide phosphorique et en potasse.

NITRATE DE SOUDE

Il sera alors assez rare qu'un cultivateur intelligent soit obligé d'acheter des engrais azotés. Cependant il peut se présenter des cas où l'emploi du nitrate de soude sera avantageux.

Par exemple : quand les blés auront été mal fumés à l'automne, ou quand ils auront souffert de l'hiver, il y aura certainement avantage à semer en couverture 200 kil. de nitrate de soude par hectare.

De même, lorsque l'on veut rapidement obtenir une forte récolte d'une plante gourmande d'azote, comme le maïs-fourrage, la betterave fourragère, etc.

Le nitrate de soude est un sel qui contient 15 k. 5 d'azote à l'état de pureté auquel on le trouve dans le commerce ; il est soluble dans l'eau comme le sel de cuisine ou le sucre.

Le sol n'a pour lui aucun pouvoir absorbant, aussi il ne faut pas l'employer avant l'hiver.

Son action est très rapide et l'on s'en aperçoit souvent huit jours après son application sur le blé, au printemps, quand la pluie a été convenable.

On l'emploie surtout pour les céréales, dans ce cas, on le répand en couverture, au moment du tallage jusqu'à celui de l'épiage.

On fera bien de diviser la dose en deux applications à trois semaines d'intervalle ; on emploie de 100 à 300 kil. au plus.

Pour les pommes de terre, le maïs fourrage, où l'on ne craint pas la verse, on peut aller de 100 à 400 kil., on le donnera encore en deux ou trois fois ; ne pas se presser pour la première application qui se fera après la levée de la plante, au moment du hersage ou du binage.

Le nitrate de soude coûte 25 fr. les 100 kilogr. ; il est assez difficile à employer judicieusement.

Il ne peut produire son effet, que s'il trouve dans le sol assez d'acide phosphorique et de potasse.

L'épandage doit être aussi régulier que possible. Aussi on le pulvérise, et lorsqu'on n'en a que 100 kil. à semer par hectare, on en augmentera le volume avec du plâtre, des scories, même de la terre tamisée.

L'effet obtenu dans les champs de démonstration du Doubs est considérable. En moyenne on peut assurer que 100 francs de nitrate produisent 150 francs d'excédent de récolte.

SCORIES THOMAS

MM. Thomas et Gilchrist, ingénieurs anglais, ont trouvé un procédé excellent pour extraire de la fonte le phosphore qu'elle contient souvent, et qui rend l'acier obtenu avec elle très cassant.

Le phosphore ainsi enlevé se trouve dans le résidu de la fabrication que l'on appelle scories Thomas, ou phosphate basique.

Les scories contiennent de 8 à 20 0/0 d'acide phosphorique et 40 à 45 0/0 de chaux.

Cet acide phosphorique est assez assimilable, aussi les scories sont-elles l'un des meilleurs et des moins chers engrais phosphatés.

Elles se vendent d'après leur richesse en acide phosphorique et d'après la finesse de leur mouture.

Le kilogramme d'acide phosphorique vaut de 0 fr. 25 à 0 fr. 35, soit moitié moins cher que dans les superphosphates où l'acide phosphorique a été rendu soluble par un traitement chimique.

D'un autre côté, les scories, à quantité d'acide phosphorique égale, font presque autant d'effet que les superphosphates.

J'ai employé les scories dans tous les champs de démonstration du Doubs, elles ont partout fait un excellent effet. Cela n'est pas étonnant, du reste, car l'analyse de ces champs confirme l'insuffisance notoire de calcaire. (Voir cette analyse à la fin du volume).

On prétend que les superphosphates font plus d'effet que les scories dans les terrains calcaires. Ce n'est pas l'avis de M. Paul Wagner, l'habile directeur du laboratoire agricole de Darmstadt, qui préfère les scories à tous les autres engrais phosphatés après de nombreux essais en divers terrains.

Les résultats que j'en ai obtenus me font penser qu'il a raison, surtout pour le département du Doubs, où le calcaire est fort rare.

Les scories fines de Longwy, dosant 14-16 d'acide phosphorique, se vendent 5 fr. les 100 kil. par 5 000 kil. dans toutes les gares du Doubs, sacs perdus, paiement à 3 mois.

Celles du Creusot, dosant 12-18, reviennent à peu près au même prix, mais il faut rendre les sacs et payer à 30 jours.

On en produit aussi à Audincourt (Doubs), elles sont beaucoup moins chères (2 fr. 20 à 2 fr. 50 les 100 kil.), mais elles sont très grossières et la Forge ne donne aucune garantie de dosage. Malgré cela, les cultivateurs rapprochés de l'usine se trouvent bien de leur emploi.

EMPLOI DES SCORIES

Les scories sont les principaux engrais chimiques pour notre département. L'analyse du sol y indique cependant souvent 1 pour 1 000, et même plus, d'acide phosphorique, mais comme les scories y font un excellent effet, il faut supposer que cet acide phosphorique n'est pas assimilable par les plantes.

Les scories s'emploient pour *toutes les récoltes*. Il faut réfléchir que depuis des siècles on a toujours exporté de l'acide phosphorique par la vente des grains et du bétail, sans jamais le restituer au sol. Aussi celui-ci doit en avoir le plus grand besoin, et la preuve, c'est le bon effet de cet engrais.

Les scories s'emploient le plus longtemps possible avant les semailles, car elles ne sont pas solubles et de plus, la terre a pour elles un pouvoir absorbant énergique.

Pour le blé, on les répandra avant le labour de semailles et on agira de même pour les céréales de printemps. Dose : 600 à 1 000 kilogrammes.

Pour les pommes de terre, betteraves, on les répandra après la moisson de la céréale qui précède. Le sol recevra ainsi plusieurs façons avant la semaille et l'effet des scories ne pourra que s'augmenter en raison de ce mélange intime au sol. Dose approximative, 800 kilogrammes.

Pour les prairies, on les répandra à l'automne et l'on hersera si l'on peut passer le régénérateur des prairies. On en mettra tous les ans 500 kilogr. à l'hectare.

ENGRAIS POTASSIQUE

L'engrais potassique Bugnot-Colladon contient 25 kilogr. de potasse o/o. Il coûte 11 francs les 100 kilogr. ; comme il contient en outre 2, 5 à 3 o/o d'azote, la potasse est ainsi vendue moins cher que dans le chlorure de potassium ou le sulfate de potasse.

L'engrais potassique s'emploiera surtout pour les prairies. Nous savons en effet que 1 000 kilogr. de foin enlèvent au sol 17 kilogr. de potasse, soit 68 kilogr. par hectare pour une récolte de 4 000 kilogrammes.

La potasse présente moins d'intérêt pour nous que les autres éléments, en effet, toute ou presque toute la potasse des aliments du bétail se retrouve dans les excréments. Si on soigne bien les fumiers, pour peu que l'on achète des aliments concentrés pour le bétail, on arrivera à augmenter la richesse de l'exploitation en potasse ; mais, il faut toujours compter sur une certaine négligence de ce côté et sur une déperdition constante sinon importante de potasse.

D'ailleurs, les engrais potassiques augmentent non seulement la quantité mais aussi la qualité du fourrage. Leur application fait naître très rapidement les légumineuses du fond de la récolte, minette, trèfle blanc, etc.

Bornons-nous à donner de la potasse aux prairies. Le fumier en deviendra plus riche et les autres récoltes s'en ressentiront suffisamment.

On sèmera 200 à 300 kilogr. d'engrais potassique sur les prés, par hectare et par an ; à l'automne pour les terres fortes, au printemps pour les terres légères.

. La vigne est aussi assez sensible à l'engrais potassique qui pousse à la fructification, tandis que l'azote produit surtout du bois.

CONCLUSIONS

1° Le fumier doit former la base des fumures d'une exploitation bien tenue. M. Boussingault a dit : On peut à première vue juger de l'habileté et de l'intelligence d'un cultivateur par la manière dont il tient son fumier.

2° Les terres arables recevront au moins *10 000 kilogr. de fumier en moyenne par hectare et par an.* On peut aller jusqu'à 15 000 kilogrammes.

3° Jamais les prés ne recevront de fumier, le purin lui-même est mieux employé pour des betteraves, des pommes de terre, du maïs fourrage, que sur un pré, même naturel, car généralement les prés n'ont pas besoin d'azote.

4° Les légumineuses doivent occuper le quart des terres arables pour fournir en abondance l'azote à toute l'exploitation.

5° Les trois engrais chimiques à employer par nos cultivateurs sont :

Le nitrate de soude . . . . . . prix   25 fr. o/o
Les scories Thomas . . . .   —   5
L'engrais potassique Bugnot . .   —   11 fr. o/o

6° Ce sont les scories qu'il importe d'acheter et qui suffiront neuf fois sur dix avec les fumiers.

On en achètera de 400 à 500 kilogr. par hectare et par an, prairies et pâturages compris.

7° Ne jamais acheter d'engrais chimiques composés que vous offrent les marchands et qui sont pour céréales, racines, prairies, etc.

Chaque cultivateur composera son engrais comme il l'entend d'après les essais qu'il a pu faire et la connaissance qu'il a de ses terres.

D'ailleurs, certains engrais doivent s'employer à l'automne, d'autres au printemps. Comment faire avec un engrais complet ?

8° Chaque terme de l'engrais ne peut agir que s'il trouve dans le sol les autres termes qui le complètent.

9° N'achetez jamais ni engrais ni semences à des inconnus qui passent dans les campagnes.

10° Faites tous vos achats d'engrais, semences, machines, par l'intermédiaire d'un syndicat. A défaut d'un autre, je vous indiquerai le Syndicat des fruitières et des agriculteurs du Doubs, qui a été fondé par la Société d'agricul- du Doubs et qui est certainement l'un des plus nombreux et des plus prospères actuellement. La cotisation est de 2 francs par an donnant droit au *Bulletin mensuel*.

ANALYSE DU SOL PAR LES PLANTES

Le cultivateur, comme nous venons de le voir, peut seul connaître ses champs et la dose de chaque engrais qui leur convient le mieux pour une culture déterminée. Aussi, loin de se fier à des formules toutes faites, il composera lui-même ses engrais au moyen d'essais comme je vais l'indiquer.

1° Comment savoir quels sont les engrais qui font le plus d'effet chez lui ?

Il organisera l'expérience suivante sur blé, dans le champ qu'il s'agit d'étudier.

Il déterminera 5 carrés de 1 are chacun.

Le 1er recevra l'*engrais complet.*

Nitrate de soude	3 kil.
Scories.	10
Chlorure de potassium	2

Le 2e carré, *engrais sans azote.*

Scories.	10 kil.
Chlorure.	2

Le 3e carré recevra l'engrais *sans acide phosphorique.*

Nitrate de soude	3 kil.
Chlorure.	2

Le 4e, *engrais sans potasse.*

Nitrate.	3 kil.
Scories	10

Le 5e pas d'engrais ou témoin.

Le 6e fumier de ferme, 20 000 kilogrammes.

Supposons les récoltes suivantes :

Nature de l'engrais.	Récolte à l'hectare.	Excédent sur le témoin.
1 Engrais complet	30 hectol.	20 hectol.
2 Engrais sans azote	20	10
3 — acide phosphor.	22	12
4 — potasse	27	17
5 Témoin	10	«
6 Fumier de ferme	25	15

Je vois donc que :

1° La suppression de l'azote amène une forte diminution de récolte, donc les engrais azotés sont très utiles.

2° La suppression de l'acide phosphorique amène aussi

une sensible diminution, donc les engrais phosphatés seront utiles.

3° La suppression de la potasse n'amène qu'une faible diminution de récolte, donc les engrais potassiques sont peu importants.

Conclusion.— Pour la culture du blé, la terre considérée devra recevoir des engrais azotés et phosphatés.

L'écart entre le témoin 5 et l'engrais complet 1 est de 20 hectol., donc l'engrais complet a augmenté la récolte de 20 hectolitres.

Le fumier ne l'a augmenté que de 15, donc le fumier n'a produit que les $\frac{15}{20}$ de l'engrais complet, soit les 3/4. On en conclut qu'en ajoutant au fumier 1/4 de l'engrais complet on obtiendra la récolte de 30 hectolitres.

La fumure combinée au fumier et à l'engrais chimique serait donc :

Fumier . . . . 20 000 kil.

Nitrate, 1/4 de 300 kil. . . . . . . soit   75

Scories, 1/4 de 1 000 . . . . »   250

Chlorure, 1/4 de 200 . . . . »   50

2° A quelle dose employer les engrais ?

Je sais par l'expérience précédente quels sont les engrais les plus importants pour la terre, savoir : le nitrate et les scories. J'organiserai l'essai suivant.

Sur blé encore.

Je délimite 5 carrés de un are et à chacun je donne une forte fumure d'acide phosphorique et de potasse.

Par exemple :

Scories,   2 000 kil., ou à l'are, 20 kil.

Chlorure,   300 kil.,   —   3

puis au 1er j'ajoute en nitrate   0 kil.

—   2e   —   1

—   3e   —   2

—   4e   —   3

—   5°   —   4

A la récolte, j'estime la valeur de l'excédent obtenu (grain et paille) pour chaque parcelle, je déduis de cet excédent le prix du nitrate employé. J'ai ainsi le bénéfice dû à l'emploi des différentes doses et, par conséquent, je vois quelle est la dose la plus avantageuse.

Pour l'acide phosphorique et les scories, j'opère de même et je trouve quelle est la dose de scories la plus avantageuse.

Ces essais sont minutieux, mais faciles, intéressants et indispensables ; bien souvent les enfants du cultivateur voudront les exécuter eux-mêmes.

FORMULES D'ENGRAIS CHIMIQUES de M. Stutzer. Laboratoire de Bonn.

Céréales.

	ENGRAIS		
	Faible.	Moyen.	Fort.
Nitrate de soude	100 kil.	200 kil.	400 kil.
Scories à 15 o/o	400	700	1 000
Ou superphosphate à 20 o/o	150	250	400
Engrais potassique à 25 o/o	120	200	400
Ou chlorure de potassium	60	100	200

NOTA. — 1. Dans les terrains humides, riches en humus, il faut employer moins d'azote proportionnellement que d'acide phosphorique. Dans les terrains secs, pauvres en humus, augmenter l'azote et diminuer l'acide phosphorique.

2. Dans les terrains sablonneux, employer l'acide phosphorique avec précaution afin d'éviter la cessation trop prompte de la végétation, tandis que l'on doit donner beaucoup de nitrate.

3. Dans les terrains riches en azote par suite de vieilles fumures ou après trèfle, vesces, lupin, peu d'azote, terrains pauvres ou ayant porté pomme de terre, maïs ou céréale, il faut augmenter le nitrate.

Pommes de terre.

Nitrate	150 kil.	200 kil.	300 kil.
Superphosphate à 20 o/o	100	150	200
Ou scories à 15 o/o	300	400	600

Betteraves, Raves.

Nitrate de soude	150	300	600
Superphosphate à 20 o/o	200	250	300
Ou scories à 15 o/o	500	800	1 000

Les terrains froids et riches en humus demandent plus d'acide phosphorique, les terrains secs et pauvres en humus demandent plus de nitrate.

Sarcler souvent les terrains fumés au nitrate pour éviter la formation de croutes supérieures.

Légumineuses. — Trèfles, luzerne, esparcette :
650 kil. de scories *ou* 250 kil. superphosphate riche,
300 kil. engrais potassique *ou* 150 kil. chlorure de potassium.

Prés naturels :

> 200 kil. nitrate
> 300 à 400 kil. engrais potassique ⎱ en mars.
> 500 à 600 kil. scories ⎰

Vigne. — Fumure de la Hesse-Rhenane.
Pour 4 ans :

1re année.	Fumier.	60 000 kil.
	Superphosphate.	200
2e année.	Superphosphate.	300
	Chlorure de potassium . .	80
3e année.	Superphosphate.	300
	Chlorure.	160
	Nitrate.	100
	Ou azote organique	15
4e année.	Superphosphate	400
	Chlorure de potassium . .	200
	Azote	25
	Ou nitrate	160 kil.

Plus le vignoble est humide et bas, moins il faut de nitrate ; plus il est haut et sec, plus il faut de nitrate.

Plus il y a de bois, plus on donne de phosphate et de potasse.

Moins il y a de bois, plus il faut de nitrate.

CHAPITRE IV

SEMENCES ET SEMAILLES

CHOIX DES SEMENCES

Il y a de nombreux cultivateurs qui n'attachent pas au bon choix des semences une importance suffisante et qui ne font aucun sacrifice, aucun effort pour se procurer de belles semences.

C'est là une erreur grossière. Pour avoir un beau veau, si l'on possède une belle vache, on cherchera un taureau convenable ; chez tous les êtres vivants il faut opérer de même, et pour avoir une belle récolte de blé il faut de belle semence puisque la semence est le moyen principal de reproduction des végétaux.

Plantez deux pommes de terre de poids inégal, mais venant du même pied, la plus grosse donnera beaucoup plus que l'autre.

En 1885, M. Grandeau sema à Tomblaine, près Nancy, dans le même champ de blé, 17 variétés de cette céréale. Les récoltes varièrent de 3 471 kil. de grain pour le Square-Head, à 1 831 pour le Chiddam d'automne.

M. Schribaux, directeur de la Station d'essai de semences de l'Institut agronomique (16, rue Claude Bernard, à Paris) ayant semé 1 000 graines de trèfle pesant 2 gr. 275, et à côté, 1 000 autres graines venant du même lot, mais plus petites et pesant seulement ensemble 1 gr. 150, obtint des grosses graines un produit en fourrage de 100, tandis que les petites donnaient seulement 64.

VARIÉTÉS A CHOISIR

Le cultivateur peut se demander quelles sont, parmi le grand nombre des variétés d'une même plante, celle qu'il doit choisir.

1° Blé.

Pour le blé, il est très limité, car il faut que la variété choisie puisse supporter l'hiver. Dans ce cas, le plus sage est de s'en tenir à la variété du pays. Chez nous, c'est le rouge d'Alsace pour la partie basse et moyenne et le rouge d'automne barbu pour Pontarlier et la haute montagne.

2° Plantes à semer au printemps.

Si on met une plante sobre, rustique, dans un champ très riche, elle ne saura pas utiliser cette fécondité et ne donnera guère plus que dans un champ médiocre.

Si on met une plante exigeante dans un terrain pauvre, elle donnera fort peu. Aussi, comme le recommande M. Vilmorin dans son livre : *Les meilleurs Blés*, il faut mettre les variétés à grand rendement, mais exigeantes, dans les bons champs, et les variétés rustiques et sobres dans les champs médiocres.

Exemple. — Dans les bonnes terres, on peut mettre l'avoine jaune de Flandre et la noire de Coulommiers, dans les terres pauvres la grise de Houdan et la race du pays.

QUALITÉS A RECHERCHER DANS LA GRAINE

Etant donnée une variété, les semences les meilleures sont les plus grosses parmi celles qui sont bien mûres.

L'emploi du trieur Marot ou Clert (à Niort), est donc un moyen parfait de choisir les semences. Il est fort commode et doit être employé partout.

AMÉLIORATION DES SEMENCES

Le végétal peut être amélioré comme l'animal et la semence transmettra à ses descendants ses qualités acquises, du moins pendant un certain temps.

Pour améliorer une race d'animaux, on choisit les reproducteurs parmi les plus beaux spécimens de la race, on les nourrit, on les panse, on les soigne du mieux possible ; faisons de même pour les plantes. En 1855, M. Hallet, à Brigton (Angleterre), choisit dans un blé de son pays, le plus bel épi qu'il put trouver. Cet épi mesurait 0^m 12 de longueur, et comptait 45 grains.

Parmi ces grains, il choisit les plus beaux et les planta un à un, à 0^m 23 centimètres en tous sens, dans un champ bien fumé, biné et soigné.

A la récolte, il fit comme la première fois et ainsi de suite pendant un certain nombre d'années. Au bout de 4 ou 5 ans, il obtint des épis de 20 centimètres de long, contenant 125 grains ; et c'est ainsi qu'il créa ses fameux blés généalogiques Nursery, Goldendropp, etc., dont il vend la semence au poids de l'or.

Nos cultivateurs devraient imiter le major Hallet et procéder de la manière suivante :

Chacun pourrait avoir tous les ans un petit champ de blé destiné à fournir par sa récolte la semence à toute la ferme.

Dix ares suffiront à la plupart des cultivateurs ; on en choisira la semence pour la première fois en l'achetant chez Denaiffe ou Vilmorin. On demandera le blé Rouge d'Alsace ; dans la haute montagne on préférera le Rouge d'automne barbu.

On sèmera le champ en lignes espacées de 20 à 25 centimètres ; 20 centimètres en montagne, 25 dans la plaine.

Cette semaille, si l'on n'a pas de semoir à cheval, se fera avec le semoir à brouette Japy, du prix de 25 fr. environ ; 2 ou 3 heures suffiront pour cette besogne.

Le champ ne recevra pas de fumier, mais il en aura eu une forte dose pour la récolte précédente, les pommes de terre, par exemple ; avant la semaille on enterrera 15 à 20 kilogr. de scories par are.

Pendant l'année le petit champ sera biné et sarclé autant qu'on pourra le faire.

A la récolte, on procédera à la sélection à la main, on ne prendra que des épis appartenant bien à la variété Rouge d'Alsace, on choisira les plus beaux, puis on coupera avec des ciseaux les deux extrémités. Le milieu sera égrené, puis passé au trieur, de façon à avoir 20 litres de semence supérieure.

Tous les ans on fera de même, en choisissant la semence dans le petit champ, dont la récolte doit s'améliorer continuellement et qui doit par conséquent fournir à la ferme une semence de plus en plus belle.

On fera de même pour l'avoine. Une journée de femme ou deux suffiront pour choisir à la main cette semence sélectionnée, et le cultivateur aura, pour un prix modique, une semence acclimatée et sur laquelle il peut compter..

Le cultivateur produira ainsi le plus possible ses semences, pour éviter de passer par le commerce.

Il peut produire de même ses graines fourragères, trèfle, luzerne, sainfoin, etc.

COMMERCE DES GRAINES

Les graines sont maintenant, dans nombre de maisons malhonnêtes, fraudées de toutes manières. Ainsi, on vous vendra de la graine de colza qui est fort bon marché pour de la semence de choux qui est chère et qui lui ressemble beaucoup. Seulement, comme à la levée, on verrait bien que l'on a été trompé, le colza sera *tué* en le portant à une température suffisante. Si, d'un autre côté, on ne met qu'une proportion *raisonnable* de colza, rien ne pourra faire découvrir la tromperie.

D'autrefois, on vous vend à la place de graines du pays, des graines d'Amérique qui, surtout pour les trèfles et luzernes, donnent à peine 50 o/o par rapport aux nôtres.

Parfois aussi, aux semences de graminées on mêle des balles ; les légumineuses sont additionnées de sables quartzeux, ayant à peu près la forme et la couleur de la graine véritable, etc., etc.

Aussi il est prudent de n'avoir affaire au commerce que le moins possible.

ANALYSE DES GRAINES

Dans le cas où il faut en passer par là, il ne faut s'adresser qu'à des commerçants connus, qui vous garantiront les qualités de la graine (¹).

Il y a deux principales qualités à rechercher dans une graine :

       1° La pureté,

       2° La faculté germinative.

Une graine est pure quand elle ne contient que la graine demandée, sauf les 2 à 5 o/o d'impuretés qui sont tolérés d'habitude. Cette pureté s'exprime par un chiffre indiquant combien dans 100 kilogr. il y a de graine véritable. Ainsi un trèfle à 98 o/o de pureté, veut dire que sur 100 kilogr. vendus, il y a au moins 98 kilogr. de graine de trèfle.

La faculté germinative indique combien sur 100 de graine pure, il y en a pouvant germer.

La valeur culturale de la graine indique combien sur 100 kilogr. vendus il y a de graine utilisable.

Cette valeur $V = \dfrac{P \times G}{100}$ (2)

Ainsi on vous vend du trèfle à 98 de pureté et 90 de faculté germinative, cela veut dire que sur 100 kilogr. vendus, il y en a au moins 98 en graine de trèfle et que sur ces 98 kilogr., il y en a 90 o/o qui peuvent germer, ou $\dfrac{98 \times 90}{100}$ telle est la valeur de V, qui dans le cas présent est de $\dfrac{8\,820}{100}$ ou 88,20. Ainsi, sur les 100 kilogr. que l'on

---

(1) Nous recommandons spécialement MM. Denaiffe et fils, grainetiers, à Carignan (Ardennes), fournisseurs du Syndicat des fruitières et agriculteurs du Doubs, qui, les premiers en France, croyons-nous, ont garanti leurs graines et se sont mis sous le contrôle de la station d'essai de semences. En s'adressant à eux, l'on paiera plus cher que dans le commerce ordinaire, mais on aura des garanties sérieuses sur la qualité des graines.

(2) P indique le nombre de kil. de graine pure pour 100 kil., et G le nombre de kil. de graine pure pouvant germer, V la valeur culturale.

vous a vendus, il doit y en avoir au moins 88 kilogr. 200 d'utilisables.

Or on sait par expérience quelle est la quantité que l'on doit employer par hectare de graines pures et pouvant germer ; il sera donc facile de calculer combien il faut en mettre quand on connaît la valeur culturale d'une graine donnée.

QUANTITÉ NORMALE DE SEMENCE PURE
et pouvant germer à employer par hectare

ESPÈCES DE GRAINES	p. hectare	ESPÈCES DE GRAINES	p. hectare
	kil.		kil.
Sainfoin	135.52	Dactyle pelotonné	22.26
Trèfle rouge	17.60	Vulpin des prés......	6.18
Luzerne	26.40	Flouve odorante	8.84
Trèfle blanc..........	10.80	Houlque laineuse.....	7.00
Trèfle hybride	10.20	Fetuque durette	14.19
Lupuline	17.01	Temothy	26.10
Lotier corniculé	8.58	Avoine jaunâtre......	5.28
Fromental	36.80	Cretelle des prés	16.20
Ray-Grass anglais	42.60	Paturin des prés	8.80
— d'Italie.	33.50	Fiorin	8.64
Fetuque des prés.....	43.20		

Exemple : Combien faudra-t-il employer par hectare, de graine d'un trèfle, si la valeur culturale de cette graine est de 80 o/o ?

Il faut d'autant plus de graine que sa valeur culturale est plus faible ; quand la valeur culturale est de 100, il faut 17 kilogr. 60, on doit donc avoir $\dfrac{x}{17,60} = \dfrac{100}{80} = 22.$

Ainsi il faudra 22 kilogr. de graine.

Le laboratoire dirigé par M. Schribaux, [1] permet à chacun de faire analyser la graine qu'on lui a vendue, moyen-

(1) Station d'essai de semences de l'Institut agronomique, 16, rue Claude Bernard, à Paris. S'adresser au directeur pour recevoir gratuitement les conditions des analyses de semences.

nant 2 francs pour les graminées et 1 franc pour les autres graines. Il y a maintenant un certain nombre de marchands qui se mettent sous la garantie de la station d'essai et qui avec la graine, vous livrent un certificat émanant de la station et garantissant la pureté et la faculté germinative de la graine livrée.

Si l'achat atteint un poids de 5 kil. pour chaque espèce, vous pouvez faire analyser votre graine gratuitement à la station. Si l'achat est moindre, l'analyse sera payée par le marchand si sa graine est fautive, et par vous si elle est conforme à la garantie.

ÉPOQUE DES SEMAILLES

Le mieux est de suivre l'habitude du pays ; ce qui prouve qu'il y a de bonnes routines comme il y en a de mauvaises.

En général, il faut semer le plus tôt possible, en automne, pour que le blé prenne assez de force pour supporter l'hiver.

Au printemps il faut également se hâter, car les mauvaises graines lèvent et se développent vers 12°, tandis que l'avoine demande beaucoup moins de chaleur et sera déjà forte quand les mauvaises graines se développeront ; un bon coup de herse donné à ce moment ne fera pas de mal à l'avoine et détruira facilement les herbes toutes jeunes qui sortent de terre (1).

Une autre règle est celle-ci : pour le semis à la volée, l'époque doit être celle où la plante semée pourra s'emparer du terrain sans craindre la concurrence d'autres plantes.

« A la fin de l'été, on ne doit semer qu'après que les se-
« mences des plantes adventices favorisées par le retour

---

(1) Si la plante demande une certaine chaleur pour lever, il faut attendre que les mauvaises herbes aient poussé pour les détruire avant la semaille. Ainsi la luzerne qui exige 12° pour végéter, ne sera semée qu'après la levée et le nettoyage des mauvaises herbes.

« de l'humidité auront germé et couvert la terre et que l'on
« aura pu les détruire complètement par un labour. «
(DE GASPARIN, T. III).

QUANTITÉ DE SEMENCE A METTRE PAR HECTARE

La quantité de semence à employer varie beaucoup selon
les pays et dans le même pays selon :

L'époque de la semaille ;

La qualité du sol ;

La préparation du terrain, etc.

Pour les céréales, il est évident qu'il faut d'autant plus
de semence que la plante *talle* moins.

Le tallage est ce phénomène par lequel, de la tige principale, dans le sol, au-dessous ou auprès du collet, partent
des tiges secondaires qui portent chacune un épi. Ces
rejets s'étendent d'abord horizontalement, formant torche,
puis, se relèvent. En Franche-Comté, au lieu de taller on
dit *torcher*.

Dans les essais du major Hallet sur l'amélioration des
blés par la sélection, le nombre des talles de la plus forte
touffe varia de 10 en 1857 à 80 quelques années après.

Plus on sème tard, plus il faut de semence, d'après
M. Hallet.

Si en septembre il faut 100 de semence pour le blé,
en octobre   »   133
en novembre   »   200

Dans le début d'une culture, il faut employer les quantités de semence mises d'habitude dans le pays.

Voici pour le blé et l'avoine les chiffres employés sur le
versant occidental du Jura.

	Blé.	Avoine.
Région de la plaine. . . .	« 240 lit.	300 à 350 lit.
Moyenne montagne. . . .	350 à 400	450 à 500
Haute montagne	400 à 450	600 à 700

Ces quantités sont énormes, il faut les attribuer autant à
la préparation insuffisante du sol qu'à la rudesse du cli-
mat.

On peut économiser beaucoup de semence :
1° En semant de bonne heure ;
2° En semant en lignes ;
3° Avec un meilleur outillage pour la préparation du sol ;
4° En améliorant les semences.

VITRIOLAGE DES SEMENCES

Les céréales sont atteintes par une maladie appelée *carie* qui transforme la matière intérieure du grain en une poussière noire et fétide, très dangereuse lorsqu'elle existe en assez forte quantité dans la farine.

Les germes de cette maladie peuvent exister déjà sur les semences sous forme de spores du champignon malfaisant *uredo cariès*.

On prévient toute atteinte de ce mal en immergeant les semences dans une dissolution à 1 ou 2 o/o de sulfate de cuivre ou vitriol bleu.

On fait dissoudre 1 kilogr. 500 à 2 kilogr. de vitriol dans 100 litres d'eau que l'on met dans une cuve.

Le grain placé dans un panier à deux anses, y est entièrement plongé pendant quelques instants ; on enlève tous les grains qui surnagent, puis on laisse égoutter une minute, et on recommence avec de l'autre grain.

Le grain sulfaté ou vitriolé augmente de volume de 1/5, de sorte que si on veut mettre 100 de semence ordinaire, il faut en employer 120 quand elle est sulfatée.

EXÉCUTION DES SEMAILLES

Il y a deux manières de répandre le grain : 1° à la volée ; 2° en lignes.

SEMAILLES A LA VOLÉE

Méthode du pays. — Soit à semer le champ A B C D, qui a 12 mètres de large.

On le partage en deux parties égales, ayant 6 mètres, par une dérayure, ou bien une ligne jalonnée E F.

Fig. 19.

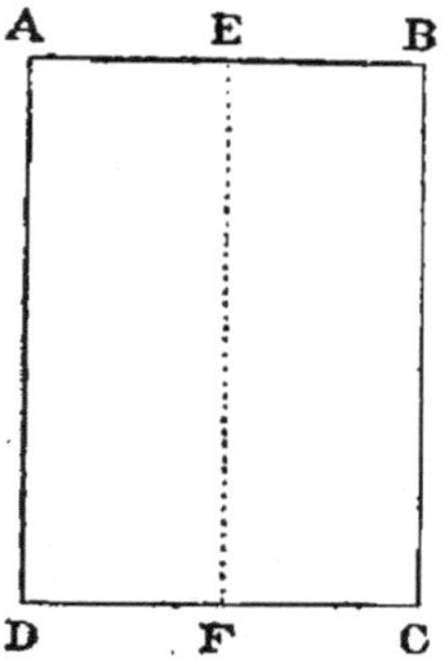

Le semeur place la semence dans un sac sur son épaule gauche ; il dispose l'ouverture du sac sous son bras gauche.

Il commence par semer la première planche de 6 mètres E B C F.

Pour cela il en suit le milieu, et, de la main droite il jette une poignée tous les deux pas, alternativement à droite, puis à gauche ; il revient ensuite sur ses pas et fait de même.

Il passe alors à l'autre planche de 6 mètres A E F D, qu'il sème de la même manière.

Ce procédé est défectueux, en voici les raisons principales :

1º Il ne sème que d'une main, par suite, s'il y a du vent, il doit semer contre lui, soit en allant soit en revenant.

. 2º Chaque planche est semée indépendamment de sa voisine, aussi, la ligne de séparation E F reçoit moins de semence que les parties voisines.

3º Le semeur opère à l'œil, à peu près sans aucun calcul ; l'habitude le fait réussir à mettre à peu près la quantité voulue, mais si on lui demande de semer une autre quantité, il ne saura comment s'y prendre.

4º Le semeur ne suit pas une ligne déterminée, aussi, il peut très bien s'écarter du milieu et, alors, la semaille sera irrégulière.

5º Le poids de la semence pèse toujours sur la même épaule, ce qui fatigue beaucoup le semeur.

Dans les environs de Paris, dans la Brie, la Beauce, le Nord, on emploie un procédé perfectionné que je vais indiquer brièvement.

SEMAILLES A LA VOLÉE A DOUBLE CROISEMENT

Dans la semaille à double croisement, la semence est placée dans un grand tablier semoir attaché aux reins et au cou de l'opérateur.

Celui-ci sème alternativement de la main droite et de la main gauche, en plaçant son tablier sur le bras gauche quand il sème de la main droite et vice-versa.

On commence à semer le champ par la droite si le vent vient de droite à gauche et vice-versa ; on est ainsi toujours aidé par le vent.

Soit à semer le champ A B C D qui a 12 mètres de large de A en D. Je le partage par des jalons en planches d'environ 4 mètres que je désignerai par les gros chiffres 1, 2, 3.

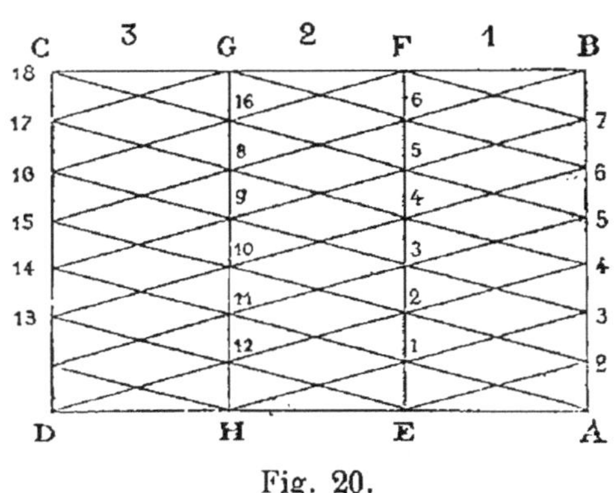

Fig. 20.

Ainsi la planche A B F E sera la planche 1
    »   »   E F G H   »   »   2
    »   »   G H D C   »   »   3

Supposons que le vent vienne de droite à gauche, alors je commence par la planche 1.

Je me place en A, le semoir replié sur le bras gauche et garni de semence.

Je suis la ligne A B, et je sème de la main droite une demi-poignée tous les deux pas, exactement lorsque le pied droit pose à terre.

Pour engrainer le champ je ne sème qu'une demi-poignée sur la planche 1, et mes jets de semence qui se font sur le côté, à ma gauche, sont A. 1, 2. 2, 3. 3, 4. 4, 5. 5, 6. 6, 7.7. (1)· Arrivé en B, le champ est engrainé ; alors, je reviens sur mes pas de B en A ; j'ai placé le semoir sur mon bras droit et je sème de la main gauche, mais sur deux planches,

---

(1) Les jets de semence ne sont pas rectilignes comme la figure 20 les représente pour plus de facilité ; ils sont courbes et tangents à la ligne de marche du semeur. Ce sont exactement des arcs de parabole.

mes jets de semence s'arrêteront donc à la ligne G H et seront B. 8, 7.9, 6.10, 5.11, 4.12, 3. H, 2. E ; les poignées sont alors entières.

Arrivé en A, la planche 1 est terminée, car elle a reçu une demi-poignée en allant et une demi-poignée en revenant ; la planche 2 n'a reçu qu'une demi-poignée.

Je passe en E, je sème de la main droite sur les planches 2 et 3 ; arrivé en F, je passe en G et, comme la planche 3 a déjà reçu une demi-poignée avec la planche 2, il n'y a plus pour terminer, qu'à suivre G H et à semer une demi-poignée pour dégrainer, ce que je fais par les jets G. 17, 16.16, 8.15, etc.

Arrivé en H, j'ai terminé le champ.

Cette méthode donne une semaille beaucoup plus parfaite que la première.

Nous allons voir comment en peut faire varier à volonté la quantité de semence répandue.

Il y a un rapport nécessaire entre les données de l'opération qui sont :

1º Q, la quantité de graine à répandre par hectare en litres ;

2º P, le pas du semeur exprimé en mètres ;

3º p, la poignée du semeur, en litres ;

4º L, la largeur de la planche exprimée en mètres.

On a en effet :

$$L = \frac{5\,000\,p}{PQ}$$

Démontrons-le :

En divisant Q, le volume total à répandre par p, volume de la poignée complète du semeur, on a le nombre N des poignées à lancer par hectare.

$$N = \frac{Q}{p}$$

La surface S, que doit recouvrir une poignée, sera égale à la surface de l'hectare, soit 10 000 mètres carrés divisée par le nombre des poignées.

$$S = \frac{10\,000}{N} = \frac{10\,000}{Q/p} = \frac{10\,000\,p}{Q} \quad (1)$$

Mais comme on jette une poignée tous les deux pas, la surface S est aussi égale à un rectangle ayant pour côtés 2 P et L.

$$S = 2\,P\,L.$$

Donc :
$$2\,P\,L = \frac{10\,000\,p}{Q}$$

D'où :
$$L = \frac{10\,000\,p}{2\,PQ} = \frac{5\,000\,p}{PQ}$$

c. q. f. d.

Voyons comment nous déterminerons la largeur de la planche dans le cas suivant pris pour exemple :

Un semeur a un pas de $0^m\,70$ centimètres $= P$.

Sa poignée a un volume de $0^l\,10$ centilitres $= p$.

Il veut semer du blé à raison de 220 litres par hectare, soit Q.

Remplaçant dans la formule les lettres par leur valeur j'aurai :

$$L = \frac{5\,000 \times 0,10}{0,70 \times 220} = 3^m\,472$$

Chaque jet aura 2 fois L, soit $3,47 \times 2 = 6^m\,94$.

Voici maintenant en quoi cette méthode est commode.

Je suppose que le même semeur veuille répandre 250 litres au lieu de 220.

Il pourrait y arriver évidemment en prenant des poignées plus fortes, mais nous avons supposé qu'il prend à pleines poignées, ce qui est plus facile que de prendre plus ou moins que sa main pleine.

Il sera plus simple de diminuer la largeur de la planche sans rien changer, ni au pas, ni à la poignée.

---

(1) Pour diviser, en effet, 10 000 par la fraction Q/p, il faut multiplier 10 000 par $\dfrac{p}{Q}$.

On aura alors la nouvelle largeur à prendre par le calcul suivant :

$$L = \frac{5\,000 \times 0,10}{0,70 \times 250} = 2^m 85$$

GRAINES FINES

Pour le trèfle, la luzerne et autres graines fines que l'on ne peut pas lancer bien loin, on ne peut faire varier L ; mais on fait varier la poignée que l'on calculera facilement.

En effet, de la formule

$$L = \frac{5\,000\ p}{PQ}$$

on tire :

$$p = \frac{LPQ}{5\,000}$$

Soit donc à semer du trèfle à raison de 20 kilogr. par hectare ; on fixera L à 1 mètre, ce qui nous obligera à lancer la graine à 2 mètres puisque l'on jette toujours sur deux planches à la fois, le pas sera, je suppose encore, de 0^m 70 centimètres ; calculons la pincée p.

$$p = \frac{LPQ}{5\,000} = \frac{1 \times 0,70 \times 20\,\text{k.}}{5\,000} =: 0\,\text{k.}\,0028$$

La pincée sera donc de 2 grammes 8.

Il faudra peser séparément une pincée de 2 gr. 8, et s'habituer à en prendre de pareilles.

On divisera le champ en planches de 1 mètre de large et on sèmera à double croisement comme pour le blé.

RECOUVREMENT DES SEMENCES

La graine a besoin d'air pour germer, aussi ne faut-il pas l'enfouir trop profondément ; on doit la recouvrir juste assez pour qu'elle ne se dessèche pas.

L'épaisseur de couverture variera avec la compacité de la terre ; dans une terre forte où l'air pénètre mal, on ne peut pas autant recouvrir que dans une terre légère et perméable.

Voici quelques chiffres à ce sujet :

Blé	26 à 40	millimètres
Seigle.	13 à 26	»
Orge	26 à 52	»
Avoine	20 à 26	»
Vesces	26 à 40	»
Maïs	40 à 52	»
Betteraves. . . . . . . :	20 à 26	»
Trèfle, luzerne.	7 à 13	»
Sarrazin.	25 à 60	»

Une habitude de nos pays me semble devoir être rectifiée:

Après le labour de semaille, on sème de suite sans herser préalablement, aussi, quand la terre est forte ou quelque peu humide, les bandes de terre conservent en partie leur forme et la graine se réunit dans les raies qui séparent deux bandes consécutives, au lieu de se répandre uniformément sur toute la surface ; on a ainsi une espèce de semaille en lignes imparfaite dans laquelle il y aurait profusion de semence sur les lignes et, par suite, lutte et gêne entre les plantes.

Pourquoi agit-on ainsi ? C'est pour obtenir un recouvrement suffisant de la semence. Si on répandait celle-ci sur un terrain bien uni, comme on doit le faire, la herse du pays a si peu de puissance, qu'elle n'amènerait pas un recouvrement suffisant.

Cette raison seule devrait décider les cultivateurs à changer cet instrument défectueux ; nous avons vu qu'il y en avait encore d'autres.

Les herses articulées et au besoin le scarificateur permettront un bon recouvrement, même sur les terrains bien nivelés, unis par la herse avant la semaille, et roulés pour éviter la terre creuse qui est si nuisible à la végétation.

SEMAILLES EN LIGNES

Depuis longtemps on sème partout en lignes la betterave, le maïs, la pomme de terre, le colza, les fèves, etc. mais ce n'est que dans les pays avancés en agriculture que les céréales sont ainsi semées.

Cependant les essais que nous avons fait faire dans les trois zones culturales du Doubs, nous ont démontré que cette excellente pratique pouvait être adoptée partout dans notre région.

Depuis plusieurs années, de nombreux champs de démonstration ont été ensemencés moitié au semoir et moitié à la volée.

En 1892-1893, seize champs de blé ont été ainsi traités. Le résultat a été le suivant à l'hectare :

	Grain.	Paille.
Semailles en lignes	1 588 kil.	2 687 kil.
— à la volée.	1 282	2 227
Excédent en faveur du semoir	306 kil.	460 kil.

En 1893-1894, l'expérience a porté sur vingt-un champs, elle a donné les résultats suivants à l'hectare :

	Grain.	Paille.
Semailles en lignes	2 563 kil.	5 929 kil.
— à la volée.	2 328	5 352
Différence en faveur du semoir	235 kil.	577 kil.

L'économie moyenne de semence a été de 63 kilogrammes.

Les expérimentateurs étaient les suivants :

MM. Reuge, à Brognard.
  Girardot, à Longevelle.
  Varchon, à Gennes.
  Fénix, à Clerval.
  Faillenet, à Samson.
  Poulet, à Boussières.
  Bersot, à Blarians.
  Daudey, à Vercel.

MM. Guidet, à La Chaux de Gilley.
Petit, à Goux-les-Dambelin.
Saillard, à La Bretenière.
Maréchal, à Amancey.
Chatrenet, à Villers-Buzon.
Lugbull, à Montbéliard.
Perrey, à Grand'Combe.
Billotet, à Saint-Vit.
Saint-Hillier, à Osse.
Maréchal, à Bonnétage.
Dony, à La Chevillotte.
Cusenier, à Charbonnières.
Boudreau, à Neuvier.

Tous bons cultivateurs et dignes de foi.

L'avantage du semoir se chiffre par une somme d'environ 80 francs à l'hectare en réunissant l'économie de semence et l'excédent de récolte.

La raison de cet avantage est facile à comprendre :

Le grain est également réparti sur toute la ligne et recouvert de la quantité de terre que l'on désire, aucun grain ne manque ; de là l'économie de semence.

Les plantes étant régulièrement espacées, profitent mieux des engrais, de la lumière, de l'air ; aussi leur végétation est-elle plus vigoureuse que celle des plantes semées à la volée, qui sont trop claires par endroits et trop serrées sur d'autres, où elles versent.

Enfin les binages et sarclages sont beaucoup plus faciles à donner dans les blés semés en lignes et ils exercent une influence remarquable sur la récolte.

Ces avantages sont tels que M. Tisserand [1] a pu dire avec raison que le plus productif des placements agricoles était l'achat d'un semoir.

---

[1] Directeur actuel de l'Agriculture, au Ministère. Cette citation est extraite de son remarquable rapport sur l'Exposition universelle de Vienne.

Rien ne vaut l'expérience en fait de raisons ; c'est pourquoi nous engageons les cultivateurs qui veulent être convaincus à visiter les champs de démonstration qui sont à leur portée. Nous sommes persuadés qu'ils en reviendront décidés, sinon à acheter le semoir, du moins à l'essayer en petit chez eux en empruntant ou en louant l'un de ceux qui sont déjà répandus dans le pays.

ACHAT D'UN SEMOIR

Il y a actuellement beaucoup de bons semoirs, aussi, pour éviter aux acquéreurs l'embarras du choix, je leur recommanderai le semoir de Lapparent (¹), à six socs, série légère, construit par MM. Japy frères, à Beaucourt.

Comme tous les bons semoirs, le semoir Japy-de Lapparent permet :

1º De semer toutes les graines, blé, avoine, orge, seigle, betteraves, maïs, fèves, colza, trèfle, luzerne, etc. ;

2º De faire varier à volonté la quantité de semence employée, en permettant huit débits différents. Le règlement se fait instantanément, sans ôter ni remettre aucune pièce, par une opération des plus simples ;

3º De faire varier l'écartement des lignes depuis 0^m163 jusqu'à 0^m490 ;

4º De semer dans des champs mal plains, les socs qui tracent les lignes pouvant se soulever à volonté indépendamment les uns des autres comme les touches d'un piano ;

5º De mettre la graine à la profondeur voulue, en faisant varier les poids que porte chaque soc pour régler son entrure en terre ;

6º De mettre à quelques litres près la quantité de semence que l'on veut. La distribution de semence se fait au moyen de vis d'Archimède, système plus régulier que n'importe lequel de ceux qui sont connus, cuillères, alvéoles, brosses, etc. ;

---

(1) Inspecteur général de l'agriculture.

7° De ne demander qu'une faible traction ; ainsi le modèle à six socs pour un cheval exige seulement la force d'un âne (1).

La légèreté du semoir Japy n'en exclut pas la solidité. D'ailleurs le semoir n'a jamais de grandes résistances à vaincre, on pourrait lui demander peut être un peu plus de soins dans la construction, mais, malgré tout, le semoir Japy fonctionne parfaitement et les constructeurs réparent ceux qui présentent quelque vice de construction.

Aucun semoir n'est aussi bon marché et le modèle à six socs coûte 100 francs de moins que ceux de tout autre système.

C'est ce modèle qui convient à nos cultivateurs, pour lesquels je puis dire qu'il a été spécialement construit.

Le prix du six socs à limonière pour un cheval, est de 250 francs chez les dépositaires ; mais en s'adressant à la maison de Beaucourt par l'intermédiaire du Syndicat, on jouira de 25 o/o de remise, ce qui abaissera son prix net à Beaucourt, à 200 francs.

Les cultivateurs solvables peuvent l'acheter avec deux ans de crédit, pour 220 francs, payables en 4 sémestres égaux de 55 francs. Comme il est facile de réaliser en six mois 55 francs d'économie sur la semence, on peut dire que le semoir ne coûtera rien aux acquéreurs.

Voici les prix du catalogue pour les semoirs légers.

Semoirs à limonière

4 socs à 0^m 163 d'écartement	. . . .	180 fr.
6 — à 0^m 163	»	. . . .	250 fr.
7 — à 0^m 140	»	. . . .	285 fr.
8 — à 0^m 150	»	. . . .	325 fr.

Ces semoirs se construisent aussi avec flèche pour atteler des bœufs. Ils doivent être employés dans des pays accidentés, car avec le semoir à avant-train, les chevaux ne peuvent retenir à la descente.

---

(1) Nous engageons nos lecteurs à se procurer le prospectus des semoirs Japy sur lequel se trouvent d'utiles renseignements et des figures qui feront mieux comprendre nos explications.

En plaine, le semoir à avant-train permet une semaille plus régulière et un bon raccord des trains, ce qui est difficile avec le semoir à limonière.

Semoirs à avant-train léger à deux roues

8 socs à 0ᵐ 150 d'écartement. . . . . 385 fr.
10 — à 0ᵐ 150 ᴰ . . . . 475 fr.

Tableau des débits du semoir à 6 socs (1)

Côtés du plateau à 8 couronnes A et B :	B	A	B	A	B	A	B	A
Nombre de dents de chaque couronne	21	24	27	30	33	36	39	42
Blé	167	190	215	235	266	285	310	334
Avoine	158	180	205	222	255	270	295	316
Orge	183	208	237	255	292	310	338	365

OBSERVATIONS

Ces débits sont ceux de la vis de 20 ᵐ/ₘ qui sert en même temps à semer le blé, l'avoine, l'orge, les vesces et le maïs.

Les chiffres des vesces sont à très peu près les mêmes que ceux de l'avoine ; aussi, nous ne les avons pas répétés.

Supposons que dans le pays où l'on veut employer le semoir, on mette 360 litres de blé et 720 litres d'avoine à l'hectare quand on sème à la volée.

On mettra 1/3 en moins au semoir, soit 240 litres de blé et 480 litres d'avoine.

Blé. — Nous emploierons le côté A du plateau denté et nous ferons glisser le pignon E jusqu'à la division 30 dents ; nous aurons le débit 235 litres qui est suffisamment approché.

---

(1) Ces débits devront être vérifiés, surtout ceux que l'on emploie d'habitude ; pour cela, on démontera les socs et l'on placera à chaque tube un petit sac qui recevra le grain. On mesurera ensuite une ligne de 100 mètres et on fera marcher le semoir. La largeur semée étant de un mètre, on aura ainsi semé 10 ares. Il sera facile de voir le débit du semoir en pesant le contenu de chaque petit sac.

Avoine. — Nous dèvons semer 480 litres, et le plus fort débit est de 316. En levant les vannes qui règlent l'arrivée de la semence sur les vis, on multiplie les débits par :

$$1{,}07 \text{ pour } 2 \text{ m/m de levée}$$
$$1{,}14 \text{ — } 4 \text{ —}$$
$$1{,}22 \text{ — } 6 \text{ —}$$

or, $316 \times 1{,}22$ donnent 379. Ce débit est insuffisant, il faut alors demander des vis spéciales plus grosses ; il y en a de 24 et de 30 m/m.

La vis de 24 multiplie les débits ci-dessus par 1,2.

Celle de 30 — — par 1,4.

PRÉPARATION DU SOL

Les cultivateurs routiniers et paresseux font au semoir l'objection qu'il nécessite une terre bien préparée.

N'est-ce pas un avantage pour le cultivateur de bien préparer son champ ? n'en récoltera-t-il pas à proportion ?

D'ailleur, que l'on n'exagère rien ; avec les instruments ordinaires, charrue, herse, rouleau, on prépare très bien tous les sols en culture à recevoir le semoir. Pour les terrains engazonnés, il faudra les défricher de bonne heure avant l'hiver pour les semer au printemps suivant.

CONDUITE DU SEMOIR

Chaque semoir est accompagné d'une instruction qu'il est inutile de répéter ici, sur la conduite et le règlement de la machine. On peut à volonté y mettre un cheval ou deux bœufs ou même un bœuf dans une limonière. Dans une saison très défavorable, très humide, si le semoir était par hasard empêché de fonctionner, on s'en servirait en relevant les socs et il semerait à la volée. On aurait toujours une distribution bien plus régulière qu'à la main.

SEMAILLE EN LIGNES SANS LE SEMOIR

Le cultivateur qui n'a pas de semoir pourra cependant semer en lignes au moyen du rayonneur ; c'est le procédé à employer pour les betteraves, le maïs, les pommes de terre, etc.

Le rayonneur [1] est formé d'un cadre en bois portant des pieds en fonte, généralement 3, dont on peut faire varier l'écartement entre 0^m40 et 0^m75. Perpendiculairement au bâti précédent s'ajuste un âge long de charrue qui permet d'adapter la machine à un avant-train de pays. Si on a l'avant-train Dombasle, il faut un âge court spécial.

On laboure, on herse, on roule, puis avec le rayonneur on passe traçant trois raies au premier train, mais deux seulement dans les autres voyages ; on met, en effet, un pied dans la dernière raie ouverte pour servir de guide.

Quand le champ est rayonné, on répand la semence dans les lignes, soit avec le semoir à brouette soit à la main, puis on la recouvre à la main également avec un râteau en fer de jardinier. Tel est le meilleur moyen de planter les pommes de terre avec régularité.

____

[1] Demander le catalogue de la fabrique de Dombasle, à Nancy, pour avoir la figure et le prix du rayonneur.

CHAPITRE V

DESTRUCTION DES MAUVAISES HERBES PAR LES CULTURES PRÉPARATOIRES

SARCLAGES. — BINAGES. — BUTTAGES. — HERSAGES

Les mauvaises plantes causent aux cultivateurs un tort immense. Elles consomment dans le sol les engrais destinés aux bonnes et elles les gênent par leurs racines sous la terre, par leurs tiges et leurs feuilles dans l'air.

Toute récolte qui se laisse dominer par les mauvaises herbes est perdue. Rien n'indique le mauvais cultivateur comme un champ garni de mauvaises herbes, aussi, doit-on chercher à les détruire par tous les moyens possibles.

Ces moyens sont les suivants :

1° Nettoyer les semences. On s'attachera à ne pas semer de mauvaises graines en choisissant ses semences et en les passant au trieur. (Marot, Clert, à Niort). On n'achètera ses graines que dans des maisons qui en garantissent la pureté [1].

On aura bien soin de ne pas jeter les criblures sur les tas de fumier. On emploiera les fumiers autant que possible sur les plantes sarclées qui permettent de détruire les plantes qui pourraient naître des mauvaises graines que contient toujours le fumier.

2° Détruire les plantes adventices et les graines nuisibles par les cultures préparatoires.

Il est bien plus facile de détruire les plantes et graines nuisibles par des labours et autres façons données avant la semaille que par des sarclages donnés aux champs ensemencés. Nous distinguerons ici les mauvaises herbes annuelles et celles qui sont vivaces.

[1] Demander à la Station d'essais, 16, rue Claude-Bernard à Paris, la liste des maisons qui vendent sous le contrôle de la Station.

A. — PLANTES ANNUELLES

On appelle ainsi celles qui ne portent graine qu'une fois et que l'on détruit complètement en coupant la tige avant la maturité des graines. La difficulté n'est pas ici de faire disparaître les plantes, mais surtout de purger le sol des innombrables mauvaises graines qu'il contient parfois et qui se conserveront dans la terre indéfiniment, tant qu'elles ne seront pas placées dans les conditions nécessaires à leur germination.

Rappelons ces conditions : Ce sont l'humidité, la présence de l'air avec une température convenable.

Les graines enfouies à plus de 5 centimètres ne pourraient jamais germer faute d'air. Il faut donc les aller chercher et les ramener à la surface au moment où la température est convenable (+ 12°) et où le sol est humide.

Le déchaumage convient admirablement pour cela. Après la moisson, quand il vient de pleuvoir, donnons un léger labour ou plutôt un coup de scarificateur qui ameublisse la couche supérieure où se trouvent les mauvaises graines tombées sur le sol avant la récolte. Un coup de rouleau recouvrira ces graines, attirera l'eau à la surface et favorisera la germination.

La terre verdira et quand on ne verra plus de nouvelles graines lever, un trait d'extirpateur détruira cette végétation avant qu'elle ait porté graine.

Cette excellente opération n'est pas suffisante avec une terre infestée de longue date par les mauvaises plantes ; aussi, sera-t-on parfois obligé de sacrifier une récolte et de passer un an à labourer le sol pour le nettoyer. C'est ce qui constitue la jachère.

JACHÈRE

La Jachère est une antique méthode qui nous vient des Romains et que Charlemagne remit en vigueur par ses *Capitulaires*. Elle consiste à donner 4 à 5 labours à la terre dans le courant d'une année entre la moisson de l'avoine et la semaille du blé dans l'assolement triennal.

Il y a 20 ou 30 ans, un tiers de la surface des terres arables en France était chaque année soumis à ce régime, après avoir porté du blé puis de l'avoine.

Cette année improductive a été remplacée par la culture des plantes sarclées qui nettoient le sol assez bien et produisent de quoi payer le loyer du sol et les travaux qu'elles exigent.

Il n'y a pas longtemps, la jachère existait encore dans notre pays sous le nom de Sombres ou Sommards. Aujourd'hui, elle est partout remplacée par les plantes sarclées et le trèfle.

C'est là un progrès certain.

Cependant, il ne faut pas oublier que la jachère est un moyen excellent de nettoyer le sol, et que les plantes sarclées n'arriveraient pas quelquefois à purger le sol infesté par des myriades de mauvaises graines ou par le chiendent.

Dans ce cas, exceptionnellement, on aura recours à la jachère.

Celle-ci comprend les travaux suivants :

1° Déchaumage, après la moisson.

2° Labour profond ou défoncement avant l'hiver.

3°   —   en mars ou avril.

4°   —   en mai.

5°   —   en juillet.

6°   —   en août-septembre pour la semaille du blé.

A chaque labour, à partir du printemps, on pourra creuser à 2 ou 3 centimètres plus profond ; aussi, à chaque fois, on ramènera une nouvelle fournée de mauvaises graines que le labour suivant détruira sous forme de plantes fourragères.

Chaque labour sera immédiatement suivi d'un ou plusieurs hersages et roulages. Il faut, en effet, bien pulvériser les mottes à l'intérieur desquelles pourraient se conserver intactes un certain nombre de graines.

Le roulage est d'ailleurs souverain pour faire germer les graines, mauvaises ou bonnes.

Les herbes annuelles que l'on détruit aussi, et que l'on appelle en général plantes *Messicoles* (*Messis*, moisson ; *Colere*, cultiver) sont les suivantes : La nielle, le bluet, le coquelicot, le rhinante, la renoncule, la camomille des champs, le mélampyre, la renouée, la folle avoine, l'ivraie annuelle, la moutarde des champs qui fleurit jaune, la ravenelle qui fleurit blanc.

Ces deux dernières plantes font le désespoir du cultivateur pour leur énorme fécondité et par la difficulté de leur destruction.

Les paysans comtois les appellent *des senoves*, du mot sanve ou senevé. Il y a les jaunes et les blancs.

Nous venons de voir que ce sont des plantes différentes appartenant cependant à la même famille, celle des crucifères.

La graine de *senoves* ne germe pas à l'automne, ainsi que l'a vu par expérience M. Garola, professeur d'agriculture d'Eure-et-Loir. Voilà pourquoi le déchaumage ne peut rien contre ces plantes.

C'est au printemps, dans les céréales, quand la température arrive à 12° que l'on voit apparaître en masse ces intrus fâcheux : d'abord on ne les distingue que de tout près, car, avec leur teinte verte, ils se confondent avec la récolte ; mais bientôt la floraison arrive, alors on se rend compte de l'étendue du désastre.

Que faire? On les arrachera à la main dans les pommes de terre, les betteraves et même les céréales cultivées en lignes ; il ne faut même pas attendre qu'elles soient fortes et fleuries, car elles tiennent trop, et on arracherait le blé en même temps.

Dans les blés et avoines à la volée, il faut les faucher un peu haut, de façon à ce que la céréale ne soit pas atteinte. On coupe le haut des tiges qui contient le plus de graines ; mais il y en a encore dans le bas de la tige. Aussi, la culture ininterrompue des céréales pendant 3, 4 et 5 ans, comme on le fait dans la montagne, les multiplie d'une façon effrayante et souvent on ne peut les arrêter ; alors la récolte est perdue. Ce n'est là d'ailleurs que le moindre mal, car l'empoisonnement du champ par les graines de senoves est bien plus grave encore. Que l'on sème de l'herbe et les senoves resteront en terre pendant la durée de la prairie temporaire, mais ils reparaîtront aussi nombreux après dans les céréales qui lui succèderont.

La jachère, dans un cas semblable, me semble indiquée, car les labours de printemps devront sûrement faire germer les graines.

B. — PLANTES NUISIBLES VIVACES

Pour détruire celles-ci, il faut employer un procédé tout différent ; il est indispensable, en effet, de détruire la racine par laquelle se perpétue la plante. Pour cela, il faut labourer par la chaleur pendant la jachère en juin, juillet, août, dans les temps secs.

Le labour donné à 0^m15 retournera la racine du chiendent et l'exposera au soleil. On se gardera bien de toucher de suite la terre, car les bandes du labour sont éminemment propres au desséchement, tant qu'elles restent entières.

Le hersage qui doit toujours se donner entre deux labours se fera avant de donner le labour suivant ; il aura pour but d'arracher la racine du chiendent que l'on ramassera et que l'on brûlera. Les plantes nuisibles vivaces sont principalement : le chiendent, le chardon, l'avoine à chapelet, l'agrostis traçante, la persicaire, plusieurs renoncules, la patience, la pas d'âne, la terre-noire (bunium bulbocastanum), l'arrête-bœuf, l'yeble, les joncs, bruyères, etc.

SARCLAGES. — BINAGES. — HERSAGES

Le *sarclage* s'entend plutôt de l'arrachage ou de la destruction des plantes adventices, et le *binage* de l'ameublissement de la couche superficielle, mais bien souvent ces deux termes s'emploient l'un pour l'autre.

Quand même il n'y a pas d'herbe, il ne faut jamais laisser se former cette croûte, parce que le desséchement du sol est beaucoup plus rapide, que l'air ne vivifie pas les matières organiques et ne peut opérer la nitrification, que les plantes sont saisies au collet et serrées comme dans un étau et que le tallage ou développement latéral et superficiel des céréales ne peut s'effectuer.

Le sarclage et le binage s'opèrent en même temps et constituent ce que nos paysans nomment le *travail* des plantes sarclées ; *travailler* les pommes de terre veut dire les biner et les sarcler.

Cette opération se fait soit à la main, soit à la houe à cheval, soit pour le mieux par ces deux moyens à la fois.

BINAGE A BRAS

C'est avec une *tranche*, sorte de pioche ou lame large, que nos ouvriers binent ; ils raclent la surface du sol partout et coupant les mauvaises herbes entre deux terres. Voici comment l'on explique scientifiquement les bons effets du binage :

Quand la couche supérieure se dessèche par l'évaporation de l'eau qu'elle contient, celle de la couche immédiatement sous-jacente vient la remplacer. La force qui la fait monter s'appelle la capillarité.

C'est celle qui fait monter le liquide dans un morceau de sucre trempé dans du café.

Le liquide s'élèvera d'autant plus que les canaux dans lesquels il passe sont plus étroits.

En ameublissant la couche supérieure du sol on augmente les dimensions des canaux et on diminue de beaucoup ou même l'on arrête l'ascension de l'eau. Aussi, la couche que l'on ameublit se dessèche bien, mais immédiatement au-dessous d'elle, si on la détourne, on trouve la terre fraîche.

Aussi, un binage vaut un arrosage, dit un proverbe de jardinier.

COUT DU BINAGE A BRAS

Pour biner un hectare de pommes de terre ou de betteraves, il faut de 15 à 20 journées d'hommes par hectare. En comptant à 3 francs le prix d'une journée, ce travail coûtera de 45 à 60 francs. Comme les plantes sarclées demandent en moyenne 3 *coups*, chaque hectare reviendra à 135 ou 180 francs.

BINAGE A LA HOUE A CHEVAL

Depuis longtemps l'on a eu l'idée de remplacer le travail des hommes par celui des animaux ; on y arrive au moyen de l'instrument appelé houe à cheval.

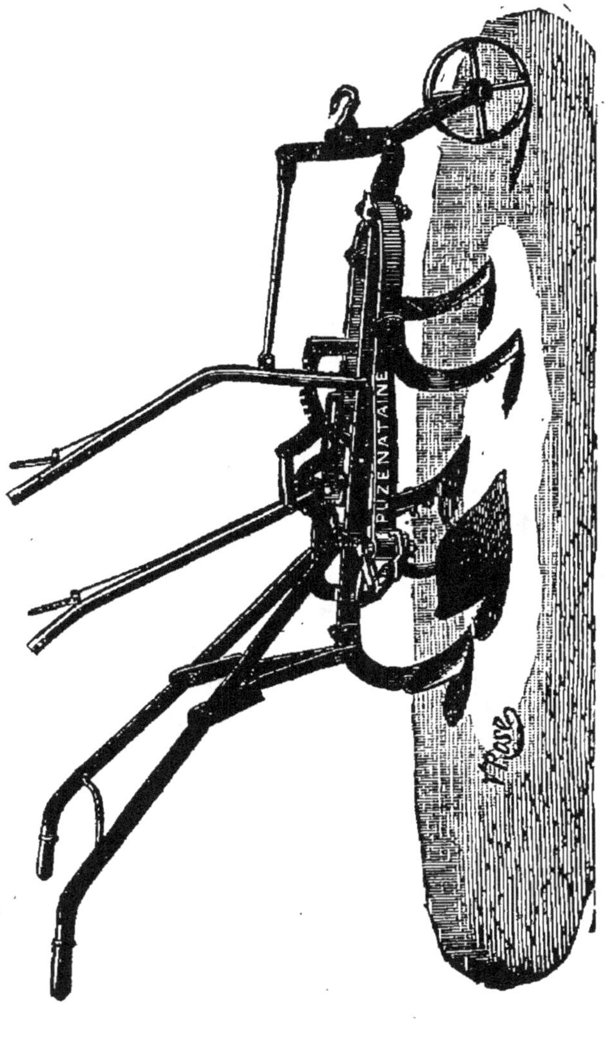

Fig. 21 — **HOUE AMÉRICAINE** *disposée pour rechausser. On peut également remplacer le pied d'arrière par un soc butteur avec ailes.*

DEVIS d'une houe complète Puzenat Aîné pour travailler et rechausser les pommes de terre

La houe montée comme fig. 21	80 fr.	»
2 lames de 70 m/m	2	40
Un soc butteur avec ailes	14	00
	96	40
A déduire remise de 20 o/o	19	20
Net	77	20

— 92 —

Il y a deux espèces de houes à cheval : la houe simple et la houe multiple. La houe simple ne travaille qu'une ligne à la fois ; elle est composée d'un bâti formé de trois traverses : l'une sert d'âge, elle est placée au milieu et c'est à elle que s'applique la force de l'animal. Les deux autres s'articulent à la première et peuvent s'écarter à volonté. Ces trois traverses portent des pièces en acier qui coupent les herbes et attaquent le sol qu'il s'agit d'ameublir.

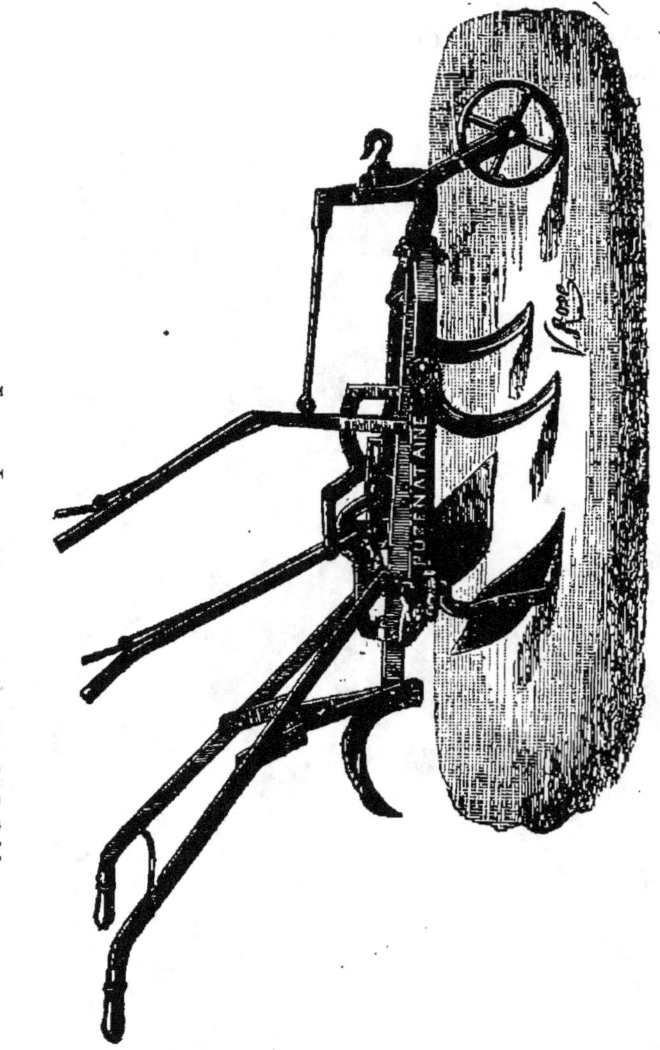

Fig. 22 — HOUE AMÉRICAINE disposée pour déchausser

Une bonne houe simple est celle de Dombasle ; fabriquée à Nancy, elle coûte à peu près 75 francs. On fait mieux maintenant : c'est la houe américaine Planet fabriquée par Puzenat aîné, Hurtu, etc. Cette machine est entièrement en fer et peut exécuter plusieurs travaux, soit pour les plantes sarclées soit pour les vignes.

Son prix, chez Puzenat, est de 80 francs.

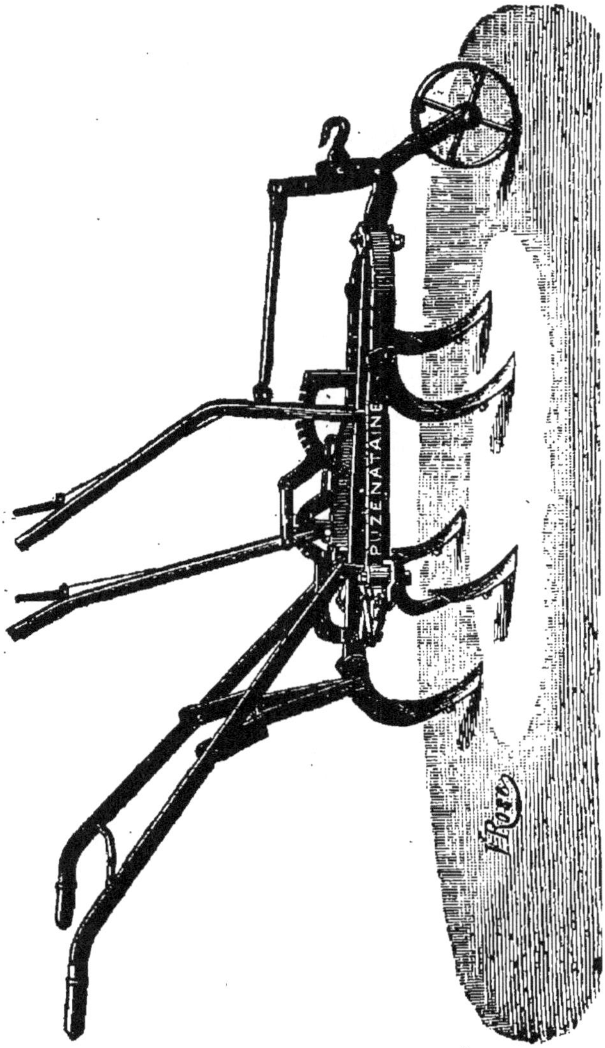

Fig. 23

HOUE AMÉRICAINE *disposée pour piocher les interlignes*

La houe multiple fait de 2 à 3 lignes de betteraves ou bien 5 à 6 lignes de blé en même temps. Elle est à avant-train. La partie travaillante est mobile latéralement, de sorte que le conducteur peut la porter de quelques centimètres à droite ou à gauche sans que les roues soient dérangées dans leur route. Voici le devis d'une bineuse Bajac pouvant faire à volonté 2 lignes de betteraves ou 5 lignes de blé.

Fig. 24

HOUE A CHEVAL à rayons BAJAC

Fig. 25

BINEUSE de blé BAJAC
pouvant travailler 5 rangs espacés de 18 à 20 centimètres.

1 bineuse à blé garnie de 5 pics larges,	130 fr.	»
3 socs en as de pique,	9	75
4 rasettes longues (à joues),	20	»
2 pitons complets pour le montage,	4	50
Total,	164	25
Remise faite au Syndicat 10 o/o,	16	40
Net,	147	85

Toutes les pièces travaillantes de cette houe sont mobiles sur le bâti ; aussi, on peut les disposer autrement de façon à accomplir d'autres binages. On peut, par exemple, y monter un pied butteur de 40 francs pour opérer le buttage des pommes de terre.

Garnie de ses pics à blé ou de ses rasettes, cette houe peut servir de scarificateur léger pour déchaumer après moisson.

L'adoption de la houe à cheval dans la moyenne montagne serait un grand progrès et permettrait l'extension de la culture de la pomme de terre, restreinte par la crainte de la main d'œuvre.

BINAGE DES CÉRÉALES EN LIGNES

Le binage des céréales augmente la récolte de 5 à 6 hectolitres de grains ; on l'exécute à bras pour 30 ou 40 francs par hectare dans le nord.

On peut le donner au moyen de la bineuse à bras de Japy qui demande deux personnes : l'une pour tirer la machine avec une bricole, l'autre pour diriger. On va assez vite, et 2 journées suffisent à ces 2 ouvriers pour biner un hectare. Le prix de cette bineuse est de 25 à 30 francs.

On peut l'exécuter avec le semoir lui-même qui a semé, ainsi que l'indique M. Minangoin dans le calendrier du Journal d'Agriculture pratique de 1895. Pour cela, on passe tout simplement les socs dans les interlignes en les déplaçant légèrement à droite ou à gauche.

Le semoir suivra exactement les mêmes traces de roue qu'à la semaille. Il est nécessaire de supprimer un soc.

Ainsi, le semoir à 6 socs sème à 0ᵐ163 d'intervalle ; pour pouvoir pratiquer le binage on en ôte un, et on sème à 0ᵐ196.

Pour biner on ôtera encore un soc ; il en restera donc 4, car il ne reste, si on réfléchit bien, que 4 interlignes à travailler par train de semoir. Chaque ligne sera buttée par un soc. Aux deux extrémités, ce seront les roues qui travailleront les 2 interlignes extrêmes. M. Minangoin (1) assure que l'opération de rechaussage est très favorable au blé et qu'il opère ainsi depuis 15 ans. En même temps, si l'on garnit la caisse de graines de luzerne, trèfle, etc., on peut faire une bonne semaille de ces plantes.

HERSAGE DES BLÉS A LA VOLÉE, DES POMMES DE TERRE

Pour les blés à la volée, on brisera la croûte supérieure par un hersage (2). Celui qui herse son blé, dit le proverbe, ne doit pas regarder derrière lui ; c'est dire qu'il ne faut pas s'inquiéter de quelques tiges arrachées, seraient-elles même nombreuses.

Les chardons seront coupés entre deux terres par une lame tranchante munie d'un long manche. Le seigle sera également arraché surtout dans le champ producteur de semence.

Les pommes de terre doivent être hersées depuis la plantation jusqu'au moment du premier binage, c'est-à-dire quand elles ont de 15 à 20 centimètres de long. La terre tenue ainsi constamment meuble pourra souvent être assez cultivée par le seul travail de la houe.

Les prairies seront également travaillées au printemps par la herse ou le régénérateur. Celui-ci est un scarificateur muni de fortes lames verticales qui ouvrent le gazon sans lui faire de mal et font pénétrer l'air et les engrais jusqu'aux racines.

---

(1) Actuellement professeur à l'Ecole de viticulture de Beaune.

(2) L'écrouteuse émotteuse est encore meilleure que la herse pour cette besogne.

Après on roulera pour aplanir la surface et faciliter le fauchage ; on roulera également les avoines et tous les semis au printemps et en été pour faire monter la fraîcheur dans la couche où sont les graines que l'on vient de semer et en favoriser la germination.

Le rouleau en aplanissant la surface diminue aussi l'évaporation et le desséchement.

TABLE DES MATIÈRES

CHAPITRE III

Les engrais.

CHAPITRE IV

Semences et semailles.

CHAPITRE V

Destruction des mauvaises herbes par les cultures préparatoires.

BIBLIOTHÈQUE NATIONALE R.F.

DU MÊME AUTEUR

pour paraître prochainement et comme

suite à ce volume :

LES ASSOLEMENTS ET SYSTÈMES
DE CULTURE EN FRANCHE-COMTÉ. —
CULTURE DES PLANTES PRINCIPALES
ET PRINCIPES D'ÉCONOMIE RURALE.

SAINT-VIT (Doubs). — Imprimerie TRANCHART.

Décembre 1895

www.ingramcontent.com/pod-product-compliance
Lightning Source LLC
Chambersburg PA
CBHW061351060726
47597CB00003B/817